同济大学新农村发展研究院课题
同济—黄岩乡村振兴学院教程读本

乡 村 人 居

——黄岩村庄风貌导则探索

杨贵庆　等著

同济大学 出版社
TONGJI UNIVERSITY PRESS

内容提要

本书是关于村庄风貌技术导则和管理办法的编制探索。全书分为三篇：上篇"研究篇"阐述了村庄风貌特征的物质要素及构成方式，介绍了黄岩区长潭湖地区村庄建设风貌的现状特点与成因，以及村庄建设风貌导则编制的思路。中篇"导则篇"列出了黄岩区村庄建设风貌导则条文、构件样式菜单和重点要素的管控建议，从村落整体空间结构、单体建筑特征和设施环境等三个主要方面提出了系统化的规划设计导则指引。下篇"调研篇"辑录了编制任务、村民问卷调研分析和黄岩区西部5乡2镇12个典型村庄的调研，以切片的方式呈现了当地村庄风貌的特征。

本书理论联系实际，案例丰富，图文并茂，通俗易懂，适用于大专院校城乡规划、建筑学和风景园林学等相关专业的本科生、硕士研究生学习参考，可作为从事乡村规划设计、建设和管理人员的业务参考读物，并可作为农村工作干部培训学习参考教材，同时也可供社会各界对实施乡村振兴战略和美丽乡村规划建设领域感兴趣的人士阅读参考。

图书在版编目（CIP）数据

乡村人居：黄岩村庄风貌导则探索 / 杨贵庆等著

. -- 上海：同济大学出版社，2020.9

ISBN 978-7-5608-9467-6

Ⅰ.①乡… Ⅱ.①杨… Ⅲ.①乡村—居住环境—研究

—黄岩区 Ⅳ.① X21

中国版本图书馆 CIP 数据核字（2020）第 166345 号

乡村人居——黄岩村庄风貌导则探索

杨贵庆　等著

责任编辑　荆　华　　　责任校对　徐春莲　　　装帧设计　朱丹天

出版发行	同济大学出版社　www.tongjipress.com.cn	
	（地址：上海市四平路 1239 号　邮编：200092　电话：021-65985622）	
经　销	全国各地新华书店	
印　刷	上海安枫印务有限公司	
开　本	787mm×1092mm　1/16	
印　张	15	
字　数	374 000	
版　次	2020 年 9 月第 1 版　　2020 年 9 月第 1 次印刷	
书　号	ISBN 978-7-5608-9467-6	
定　价	88.00 元	

《乡村人居——黄岩村庄风貌导则探索》撰写组

撰 写 单 位　　同济大学

主要著作人　　杨贵庆

其他著作人　　宋代军　王　祯　黄　璜　戴庭曦　张　凌　彭艳艳

　　　　　　　万成伟　开　欣　宣　文　章丽娜　蔡一凡　蔡　言

　　　　　　　张梦怡　王艺铮

实地调研人员　（按姓氏笔画排列）

　　　　　　　万成伟　王　祯　开　欣　甘新越　宋代军　张梦怡

　　　　　　　周咪咪　宣　文　黄　璜　章丽娜　舒凌雁　蔡　言

　　　　　　　蔡一凡　翟羽佳

编 辑 助 理　　李帅君　赵春雨　张宇微

前　言

运用村庄风貌导则，建设美好乡村人居

长期以来我国部分农村地区的村庄风貌处于无序状态。随着乡村经济发展和农民生活水平的提高，农村住宅的新建、改建需求十分迫切。村民建房量大、面广、速度快，出于对现代生活方式、价值观和审美观的片面理解，以及设计引导的缺失，导致各地村庄风貌呈现凌乱无序、风貌失控的现象。普遍存在的困境是：一方面，那些传统村落村民住宅虽然破败但具有与周边山水相协调的整体风貌特色，不过，由于生产力条件限制和生产关系特点，传统村落居住方式已经不适合当前乡村社会结构和宜居需求，大多数村民也无法接受其破败的住房条件和居住环境；另一方面，陆续新建的村民住宅式样五花八门，这些新建村民住房虽然在设施水平和建筑材料方面已远远好于传统住宅，但是其风貌样式缺乏地方特色，有的甚至照搬照抄，或十分突兀，与环境格格不入，村庄风貌杂乱无章。这种风貌无序的现象和趋势，对于发展地方建筑文化和乡村人居环境品质来说，是十分不利的。

因此，村庄风貌导则的探索和凝练成为当前美丽乡村规划建设的重要工作之一，同时也是历史文化传统村落保护和利用的重点所在。一方面，需要调查研究和整理当地传统农耕文明时代乡村人居环境的丰富宝藏，提炼出先人在当时落后生产力条件下师法自然、天人合一的朴素智慧；另一方面，需要研究适合当今现代化乡村生活的物质空间建构，从而营造既符合现代人生活需求，又具有地方风貌特色的乡村人居环境。

浙江省台州市黄岩区率先开展系统化编制村庄风貌导则的建设工作。早在 2015 年 8 月，在浙江省台州市黄岩区区委、区政府的倡导下，黄岩区村镇规划建设管理处组织委托同济大学城市规划系杨贵庆教授团队编制《黄岩区长潭湖地区村庄建设风貌设计技术导则》，并在导则编制的基础上开展"黄岩区长潭湖地区村庄建设风貌控制管理办法研究"。通过技术导则和管理方法的出台，规范长潭湖库区农居村庄设计，营造黄岩区西部乡村民居风貌，彰显村庄特色，因地制宜引导库区农居建筑风格与山水环境相协调，使之成为库区山水景观的有机组成部分，为美丽乡村和宜居黄岩建设奠定基础，积极助力实施乡村振兴战略。

这本书记录了这项工作的过程和成果。调研工作于 2015 年 8 月至 10 月展开，同济大学黄岩美丽乡村教学实践基地组织师生开展了黄岩区长潭湖库区 5 乡 2 镇的村庄风貌现状调研，涉及屿头乡、上垟乡、平田乡、富山乡、上郑乡，以及宁溪镇和北洋镇。工作方案采用先制订研究框架，对文献资料作综合分析，然后在与当地政府主管部门讨论的基础上，确定每个

乡镇各选取 2 个案例（其中老村和新村各 1 个）作为典型村庄进行风貌调研和比较。通过对该区域典型村庄现状村民住宅和景观资源的研究，开展问卷调研，撰写调研报告；然后进行设计分析，提取传统民居特色要素，对村落整体空间结构、单体建筑特征和设施环境三个主要方面进行系统梳理和归纳。研究团队在整理和提炼的基础上形成相应的导则条文、样式菜单和管控建议。

2016 年 6 月 2 日，浙江省"全省历史文化村落保护利用工作现场会"在台州市黄岩区召开。全体参会人员对黄岩区的潮济村、沙滩村和乌岩头村进行了现场考察；主管省历史文化村落保护利用工作的浙江省委副书记、副省长、省农办主要领导，杭州市、宁波市及县市区相关部门，加上 7 位专家，共 177 名正式代表参会。在此项风貌调研工作基础上编辑成册的《黄岩村庄建设风貌控制设计技术导则探索》作为大会材料分发。

项目组形成的规划设计成果《黄岩区长潭湖地区村庄建设风貌设计技术导则》，获上海同济城市规划设计研究院 2017 年度院级优秀城乡规划设计二等奖（2018 年 1 月颁发证书），并获 2017 年度上海市优秀城乡规划设计奖（村镇规划类）三等奖（2018 年 3 月颁发证书）。成果获奖是对项目组的肯定和鼓励，也促使研究人员产生把这一成果正式编撰出版的想法。

本书分为"研究篇""导则篇"和"调研篇"三篇。其中，"研究篇"分三章阐述村庄风貌特征的物质要素及构成方式，长潭湖地区村庄建设风貌特色形成的过程及原因，以及长潭湖地区村庄建设风貌的营造思路；"导则篇"针对长潭湖地区的村庄建设风貌控制，提出导则条文、样式菜单和管控建议；"调研篇"列入了风貌导则和管控办法编制的任务要求、调研问卷和长潭湖地区 5 乡 2 镇的村庄建设风貌调研报告，详细记录黄岩长潭湖地区村庄发展的一个历史切片，也为后来者研究当代中国村庄发展历程提供真实的档案。

各章节主要撰写人员如下：第 1 章，杨贵庆、王祯；第 2 章，杨贵庆、宋代军等；第 3 章，杨贵庆、戴庭曦、宋代军、黄璜等；第 4 章，杨贵庆、宋代军等；第 5 章，杨贵庆、宋代军、开欣、宣文、章丽娜、蔡一凡、蔡言、张梦怡等；第 6 章，杨贵庆、宋代军等；第 7 章，张凌、彭艳艳等；第 8、9 章，杨贵庆、王祯、黄璜、万成伟、开欣、宣文、章丽娜、蔡一凡、蔡言、张梦怡、王艺铮等。全书由杨贵庆统稿。

在本书付梓之际，正值我国各地全面深入推进实施乡村振兴战略。2020 年，国家全面完成脱贫攻坚任务，脱贫之后的乡村将面对乡村振兴的新里程。从现在到 2035 年，乡村振兴要为达到"取得决定性进展，农业农村现代化基本实现"目标而努力。乡村发展的生态宜居、文化传承等方面的要求和内容，需要通过村庄物质空间环境建设来承载。在这样的时代发展背景下，更需要具体的村庄建设风貌控制的技术指导，以便更好地开展农村人居环境整治和美丽宜居乡村建设，为乡村振兴实现"农业强、农村美、农民富"而奠定美好的物质空间载体。因此，编撰本书具有重要的时代意义。希望该设计暨教学实践成果对于深入认识地方传统村落风貌特色，保护、传承乡村文化基因，并在村庄规划中创造性转化、创新性发展地方风貌特色具有借鉴作用。

同济大学建筑与城市规划学院，教授、博士生导师
同济大学新农村发展研究院中德乡村人居环境规划联合研究中心主任
教育部高等学校城乡规划专业教学指导分委会委员
中国城市规划学会"山地城乡规划学术委员会"副主任委员
2020 年 6 月 30 日

目　录

前言 ···杨贵庆

上篇　研究篇

第1章　村庄风貌特征的物质要素及构成方式 ·· 3

　1.1　引言 ··· 3

　1.2　关键词界定及相关研究 ·· 3

　1.3　风貌特征的物质要素 ·· 5

　1.4　要素构成方式及功能结构 ·· 8

第2章　长潭湖地区村庄建设风貌的现状特点与成因 ···························· 11

　2.1　区位与概况 ·· 11

　2.2　村庄建设风貌现状特点 ·· 12

　2.3　形成过程 ·· 15

　2.4　形成原因分析 ·· 17

　2.5　长潭湖地区村庄建设风貌的经验 ·· 18

　2.6　长潭湖地区村庄建设风貌的主要问题 ·· 18

第3章　长潭湖地区村庄建设风貌导则的编制思路 ······························· 19

　3.1　编制背景 ·· 19

　3.2　国外村庄建设风貌营造的成功经验 ·· 21

　3.3　国家和地方有关村庄建设风貌营造的规范标准 ·· 28

　3.4　村庄风貌导则编制目的与建设营造的基本原则 ·· 31

　3.5　村庄建设风貌的解析框架与技术路线 ··· 32

　3.6　村庄建设风貌的引导策略 ·· 34

中篇　导则篇

第4章　村庄建设风貌导则条文 ··· 41

　4.1　整体营建特色 ·· 41

　4.2　单体建筑特征 ·· 52

　4.3　设施环境 ·· 74

第 5 章　村庄建设风貌构件样式菜单 83

　　5.1　屋顶 83

　　5.2　墙体 84

　　5.3　门 86

　　5.4　窗花 88

　　5.5　栏杆 90

　　5.6　铺地 91

第 6 章　村庄建设风貌重点要素管控建议 92

　　6.1　村庄建设风貌重点要素的管控建议 92

　　6.2　重点要素管控建议的几点说明 96

下篇　调研篇

第 7 章　长潭湖地区村庄建设风貌导则和管控办法编制任务 99

　　7.1　长潭湖地区村庄建设风貌导则编制任务 99

　　7.2　长潭湖地区村庄建设风貌管控办法编制任务 100

第 8 章　村民问卷调研分析 101

　　8.1　调查问卷设计 101

　　8.2　调查问卷统计分析 101

第 9 章　环长潭湖地区 5 乡 2 镇村庄建设风貌调研 109

　　9.1　上垟乡 109

　　9.2　平田乡 131

　　9.3　屿头乡 151

　　9.4　富山乡 164

　　9.5　上郑乡 176

　　9.6　宁溪镇 196

　　9.7　北洋镇 208

附　录 221

主要参考文献 224

后　记 227

上篇　研究篇

第1章 村庄风貌特征的物质要素及构成方式

1.1 引言

研究村庄风貌特征的物质要素及构成方式，一个比较重要的路径，就是研究传统村落的原型，从中获得其物质要素的组成及其构建方式。本章主要从传统村落的研究出发，归纳总结关于村庄风貌特色的物质要素及其构成方式，作为研究村庄建设风貌导则的基础。

我国传统村落风貌特征的物质要素可以归纳为哪些方面呢？这些物质要素又是如何构成从而支撑传统村落日常生活的经济、社会和文化功能的？本章将针对这些问题展开讨论。

传统村落整体空间形态在风貌上呈现出的地方特征和审美价值被广泛关注。从传统村落风貌特征的物质要素分析入手，归纳其类型特征，并结合其构成方式加以解析。总体来看，传统村落风貌特征的物质要素由点、线、面三种状态的内容组成：其中点状要素包括祠、庙/教堂，戏台/钟鼓楼，古树，照壁，以及桥梁、水岸埠头等关键要素；线状要素包括上述点状要素所组成的主街通道、主巷通道、主要街巷两侧的建筑界面；面状要素包括村口、多种类型广场、街巷交叉口空地、水塘等。上述物质要素的基本状态根据村落自然地理地貌特征、生活习惯、民俗文化乃至乡土信仰，形成"点源结构、线形结构、网状结构"三种主要构成方式，担负起传统村落日常生活的经济功能、社会功能和文化功能的物质支撑作用。

1.2 关键词界定及相关研究

1.2.1 关键词界定

我们把"传统村落"定义为"在传统农业社会背景和手工生产条件下小规模建造的人居环境类型"。

"风貌"一词，《现代汉语词典》定义为：风格和面貌；风采相貌；景象。可见，风貌不是纯物质的表象，而是事物的内在属性、本质特征通过一定的物质外化形象表现出来，这种外在的形象引起人的思想或是感情活动的具体印象。传统村落的风貌是其外在物质空间环境形象和特定内涵特质的有机统一，是其自然地理环境特征、经济社会文化因素、村民生产生活方式等长期积淀而形成的总体特征。换言之，是其产业经济、社会文化、生态环境和物质空间等所综合显现出的外在形象、个性特征的集合。

"风貌要素"是构成风貌特征的要件和因素，是体现风貌特征的基本元素。这里主要关注的是构成传统村落风貌特征的物质要素。在城乡规划学的语境下，这些物质要素主要是构成传统村落风貌特征的基础空间单元或组件，它们是当时当地乡村经济、社会和文化内涵的物质载体。

在《中国大百科全书》中对"结构"的定义为：事物系统的诸要素所固有的相对稳定的组织方式或连接方式。体现为要素的组织、总合、集合。诸多要素借助于结构形成系统。结构作为组成某一系统中各要素之间相互联系或相互组织的方式，标志着系统的组织化、有序性的程度。功能作为活力的表现或活动的过程，是系统与外界环境相互作用的能力。一般而言，功能的变化是结构变化的先导，通常它决定结构的变异和重组。同时，结构的调整必然促使功能的转换，两者相互促进。书中"功能结构"是指功能的结构，即功能的结构组织和呈现。

1.2.2　相关研究

传统村落风貌特色与功能结构不仅具有生动的空间美学价值，而且对于村落社会文化、产业经济发展具有重要意义，长期以来引发国内外学者思考和探索。

在村落风貌特色的研究中，20世纪80年代，金其铭通过对我国农村聚落地理的房屋型式研究，指出房屋的型式受到当地自然环境和居民的社会、文化、习俗的交互影响。在农村每一个地区都存在有一定特色的房屋，这些普通房屋最能体现出人地之间的相关性。彭一刚从传统聚落的形成过程研究其景观环境的特征，指出由于各地区气候、地形环境、生活习俗、民族文化传统和宗教信仰的不同，导致了各地村镇聚落景观的不同。李秋香基于我国10个较为典型的传统聚落，从历史、文化、经济和行政管理的视角，开展大量乡土建筑的调查，综合研究了村落的特征和建筑风格。石楠通过对大都市郊区农村风貌特色的研究指出，郊区特色风貌的保护与建设应把市区与郊区的协调、互动发展作为基本目标，要实现功能与风貌特色的统一协调，要实现政府指导与市场机制的协调。王竹等从宏观、中观、微观三个层面对乡村聚落的区域分布、公共空间以及建筑营建进行剖析，从操作性角度提出针对浙江乡村的地方风貌特色营建导则。

在村落空间结构方面，马丁（Martin）通过对村落结构的类型学分析，总结出德国巴伐利亚村落六种不同类型的结构肌理，即：自由型村落、封闭/聚集型村落、中心广场型村落、街道型村落、行列式村落和串型村落。他指出村落街巷对于空间形态起着结构性支撑作用。其中街道型村落的建筑在当地的主导朝向内根据道路排列，并保证与水流相近，村落结构随着道路向外延伸而发展。王文卿通过传统聚落空间的特征要素对村落总体结构进行解释，指出各地村落的进口处都有类似的标志性建筑物，这不仅是村落的标志，而且是人们共有的一种意识的反映，它们集合在一起成了一个有机的整体，这种不同地域村落通过特征要素所表现出的内在的、普遍的多样性和相互关联的共性，即是人们对传统村落总体结构所共有的一种意识。范少言对村落空间结构的演变机制进行了研究，认为村落空间结构的演变受多种因素的综合制约。其中空间结构的变化主要与乡村环境条件和城乡间的相互作用有关，村落空间结构演变的主要动力是乡村劳动力生产水平的提高，尤其是生产中新技术的使用。

在村落功能方面，日本在乡村复兴中，强化乡村旅游在村落发展中的功能作用，扩展村落功能。通过结合都市人对于休闲旅游的需求背景，推动农业生产及乡村产业向观光、度假方向发展，形成农业与乡村旅游相结合的发展模式，扩展村落功能。法国乡村建设更新过程中通过乡村空间建设不断完善村落空间的多样化功能。乡村功能经历了由农业生产地向农民居住地，再向城乡互动的多功能地区转变的过程。国内学者的相关研究中，林若琪等对乡村多功能发展及其景观功能塑造进行了研究，指出乡村景观功能是塑造村落多功能的潜在动力和机制。对于现阶段转型中的我国乡村应该妥善规划和运用并积极重塑景观的多重功能，通过乡村景观实现地方化结合现代化、精致化的乡村地域功能发展，为村落产业经济的成长带来另一种创新模式。王勇等对改革开放以来苏南地区乡村聚落功能变迁进行了研究。他们基于表征乡村转型的两个重要维度——乡村功能和空间形态变迁，认为伴随着村落功能转型，乡村生产、生活的空间分化日益明显。在"三集中"政策作用下，在乡村功能分化、乡村空间形态建构中，政府力量发挥着越来越重要的作用。

总体而言，学术界对我国传统村落风貌特色进行了大量卓有成效的研究，发达国家如德国、日本等国也较早地开展关于村落结构、功能及其更新的相关研究和实践。村落风貌反映了特定地域时期经济、社会、文化和建造技术的特征，其特色要素具有较强的内在关联，并随着村落及其功能发展而发生变化。因此，从物质要素、构成方式及其功能整体角度进行系统分析，对村落风貌特色营造研究具有一定的指导意义。

1.3 风貌特征的物质要素

1.3.1 要素分类

村落风貌要素是长期以来村庄生产生活方式、技术水平以及风土人情等非物质特征的物质载体。它由多种载体要素组成，如街巷、建筑、铺地、广场等，每一物质要素又可再细分为次一级的要素。多种载体要素以不同的方式来组织空间，从而形成了各异的要素载体特点（图 1-1）。

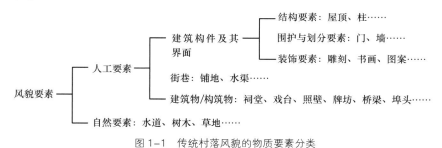

图 1-1 传统村落风貌的物质要素分类

1.3.2 要素形态特征

村落风貌是各载体要素相互间联系、作用所呈现出的整体形式。现结合国内外学者的研究，将村落风貌要素按其空间形态特征分为点状要素、线状要素和面状要素。

1. 点状要素

点状要素是村落风貌中的一种空间实体面积相对较小或整体形状为团块状的单要素空间类型，以下列举其中的祠、庙、教堂，戏台/钟鼓楼，古树，照壁等来重点说明。

1）祠、庙/教堂

村落作为一个建立于特定血缘、地缘和宗教基础上的共同体，祠庙、教堂等乡土信仰空间场所在村落社会文化生活中的作用十分重要。它们常常位于村落的几何中心，也是村落地理空间和村民心理情感上的标志性核心空间。就中外村落外部景观而言，最能够体现乡村历史和村落传统风貌传承的建筑也往往是村落的祠庙或者教堂等历史建筑。

2）戏台/钟鼓楼

在我国古代乡村社会中，戏台传统的功能在于演戏酬神，它往往正对祠庙的正殿，戏台与神龛之间具有直接的观演关系，形成"观"与"演"的协调。随着戏台建筑的发展，"观"与"演"的协调逐渐将重点转向了"演戏娱人"，戏台的形式和位置随着人们的要求逐步多样化，空间也更加的丰富，很多戏台节点成为村落中村民公共活动的重要场所。

3）古树

根据我国相关部门的规定，"古树"一般指树龄在百年以上的大树。在村落的发展中，这些大树在生态、文化和景观上已经和村落融为一个不可分割的整体，它的存在常与文物古迹、历史典故、名人轶事以及村落传说相联系，具有重要的社会文化价值，形成了村落空间的地标，并承载着居民的记忆。

4）照壁

照壁，又称"影壁"，为中国汉族传统民居建筑形式四合院必有的一种处理手段。传统风水讲究导气，避免气冲的方法，便是在房屋大门前面置一堵墙。为了保持"气畅"，这堵墙不能封闭，故形成照壁这种建筑形式。照壁具有挡风、遮蔽视线的作用，墙面若有装饰则造成对景效果。照壁可位于大门内，也可位于大门外，前者称为内照壁，后者称为外照壁。在传统村落中照壁也服务于宗祠、寺庙建筑，并用于整体空间的起点，起到标志性作用，通过空间视点的巧妙组织，增强空间的庄严肃穆感。

2. 线状要素

线状要素是村落风貌中由多种载体要素组成呈带状分布的空间，主要包括主街通道、主巷通道、主要街巷两侧的建筑界面。

1）主街通道

主街是村落发展的主轴线，也是村落公共活动最频繁的发生地，它包含村落相对完整的历史信息。受自然条件限制，村落的主街通常不是笔直的道路，但是相对其他街巷主街较为宽阔平坦，同时对村落街巷空间序列具有明显的组织功能，是村落空间形态系统的主骨架。除此以外，主街还承载着村落绝大部分商业活动和公共活动，它既是村民生产生活通勤的主要路线，还串联了村落重要的公共设施以及公共空间。

2）主巷通道

主巷分支于主街，在村落内部起着其他区域与主街的联系作用。主巷的尺度一般较主街小，承担着人流疏散以及少量的商业活动和居民交往的功能，在村民的公共生活中使用不如主街频繁，在整个村落街巷中居于次要地位。

3）主要街巷两侧的建筑界面

主街主巷由其街巷界面构成，街巷界面通常包括侧界面和底界面。

侧界面是街巷空间的重要组成部分，临街店铺、建筑墙体等要素是侧界面的主要构成要素。侧界面的服务设施、围合程度、比例以及墙体、门窗材质细部等决定了街巷空间的公共服务功能以及重要的空间景观效果，并成为塑造村落风貌的重要元素。

底界面为街巷空间水平方向的界面，由街巷路面及其附属场地和路面两侧及路面下的市政基础设施等要素构成。道路的使用性质和重要程度决定了铺地的材质、形式和等级，以此形成街巷铺装的风貌特色。交通性、商业性的主街人流、车流量较大，常选用厚实且耐磨的地面材料，材料较大，铺装较为庄重、齐整；次要街巷主要供人步行，对地面材料及铺装的要求较低，常以多种小尺度材料的拼装组合为主，给人以亲切感。村落中在道路路面常设有排水系统，或明沟或暗渠。在现代村落中排水设施多更新为地下管道。

3. 面状要素

面状要素是村落风貌中空间实体面积相对较大的由多要素组成且呈面状分布的载体要素，包括村口、多种类型广场、街巷交叉口空地、水塘等。

1）村口

村落入口通常也是街巷入口，其作为展示村落形象的窗口，为人们提供村落经济、社会、文化等各方面的第一印象。村口作为人们对于一个村落认知的开始，对村内、村外不同的空间起着较强的标志作用。本书中的村口包含作为村落入口的街巷空间交叉口和村口广场。

村落入口大致可分为植物景观营造村口、建筑营造村口和构筑物营造村口三种类型。主要通过绿色生态景观营造，公共建筑或民居建筑与周边环境形成空间，构筑牌楼、雕塑等，营造特色形象，起到提示村落的作用。

2）多种类型的广场

村落中多种类型的广场主要是结合村落商业、祠庙活动、街巷交通等形成的日常活动场所，具有祭祀活动、公共交往、商品交易、交通转换等功能，广场通常具有较为清晰的边界，并处于村落内部中心位置，在空间导向上起着承接转换的作用。

3）街巷交叉口空地

在村落内部的街巷空间中，人们为了寻求通行的便利，以及受地形因素的影响，街与街之间、街与巷之间、巷与巷之间会形成多种类型的交叉口空间。一方面由于交叉口空间是人流交汇的地方，另一方面交叉口视线具有良好的通透性，在此活动能够观察到更多的人群行为；因此，街巷交叉口在村落中起引导人流、舒缓交通作用的同时，也是人们停留、交谈活动最频繁的场所。

4）水塘

村落中的水塘对于居民的生活具有非常重要的意义，水塘集供给用水、抗旱排涝、防火避灾、调节气温、装饰庭院等功能于一体，兼具民俗风水观念的寓意。一方面水塘可以连通水系、集蓄雨水，供生活洗涤、田园灌溉等用水所需；另一方面，在许多村落中，都力求借助于地形的起伏，贯水于低洼处而形成池塘，有的甚至把寺庙、宗祠、书院等公共建筑环列于四周，形成村落的中心。此外，古代人们以水为财，开凿此类水塘寓意于聚宝敛财、人丁兴旺，寄托人们美好的愿望。

1.4 要素构成方式及功能结构

1.4.1 物质要素的功能

功能是一种活力的表示，也可以理解为活动的过程。村落空间要素的功能是指空间要素在村落社会经济发展、乡村建设和村民日常活动中所起到的作用、担当的职责。本书借鉴《乡村中国》一书将乡村属性归为空间、经济、社会、文化四大属性，把传统村落风貌物质要素的功能类型划分为经济功能、社会功能、文化功能。

1. 经济功能

经济功能是指村落空间要素承载的村落生产及与生产和产业相关的功能。传统村落经济功能带有典型的农业社会自给自足的自然经济特点，作坊、店铺常与住宅建在一起，既是工作场所，也是相当一部分居民赖以维持生计的手段。现代村落经济功能的发展常伴随着独立经营用地出现，与居民居住建筑相分离。产业经济类型也由农业、传统手工业向工业制造、商业、服务业等其他产业部门发展。

2. 社会功能

社会功能是指村落空间要素承载的村落行政管理、教育培训、医疗卫生、文体娱乐、建设及环境管理等社会服务功能。通过这些社会服务功能实现村落的建设发展和管理、村民权利保障和日常交往、公共活动等。

3. 文化功能

文化功能是指村落空间要素承载的村落建筑文化、传统风俗、宗教信仰、民间技艺等文化艺术功能。主要包含物质文化和非物质文化两方面。其中物质文化如建筑文化、乡土风貌；非物质文化如历史文化、民俗、信仰等。村落空间要素主要为人们文化传递提供了条件。人们在特定的生活环境中"学习"，在日常的交往中，不知不觉地起到了传承文化的作用。

1.4.2 物质要素构成方式及其功能结构

传统村落物质空间布局形态和特征是特定社会生产力发展水平阶段下的反映，具有其特定的自然智慧和社会语义。在传统村落风貌特色营造中，风貌特征的功能结构强调的是各要素之间的相互依赖关系，即风貌要素之间、功能类型要素之间以及风貌要素与功能类型要素整体间的关系。因此，风貌功能结构核心是通过加强风貌要素与村落系统中功能要素的关系，在保护特色要素的基础上，促进整个村落系统的提升。

1. 点源结构及其功能特征

点源结构是风貌结构的基本形式，其功能主要以村落文化功能、经济功能和居住功能为主。街巷公共中心为结构核心，公共活动烈度随着距核心的距离增大或自然地形因素而衰减。这类风貌结构通过点的扩展以及与点直接的联系，形成街巷连接。

在点源结构的扩展演进中，在初期阶段，居民依据公共中心，如宗祠等聚居在一个相对集中的位置，公共中心作为村落空间中的点源要素，这些"点"成为村落居民交流、交易、聚会的场所。随着居民的增多，风貌格局从点源发展扩大，形成一种多线式的扩展，"点"作为一个能量中心，是风貌结构的主导要素（图1-2）。

2. 线形结构及其功能特征

线形结构的村落空间公共中心呈线形分布，其功能主要以村落文化功能、经济功能和居住功能为主。线形风貌结构核心的线形伸展增加了风貌核心的"影响范围"，线形核心改变了单核心结构的向心特征，功能结构具有良好的均衡感，且其可伸展性较好地满足了风貌格局继续发展的需要。线形核心的完整性和连续性是这一功能结构的关键，一旦线形核心出现断裂，那么功能整体结构将会出现破坏。

在线形结构的扩展演化中，部分村落空间的公共中心由点源结构扩展而成，也有部分是由于运输物资或者商业贸易的需要，人们在传统的农业基础上沿交通轴线逐渐形成居住点或者公共建筑，如旅店、饭馆等。建筑的形成从外到内，同时又从内到外，产生必要的对立面，界面的因素开始出现。随着人口增多，生产发展，建筑逐渐增多，线形空间逐渐围合而成。这类风貌结构呈现出沿道路的自然的直线状或曲线状，其支路较短，形成一种通过式的空间功能结构（图1-3）。

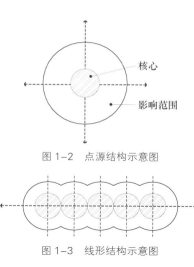

图1-2　点源结构示意图

图1-3　线形结构示意图

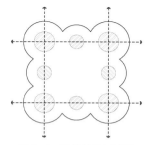

图1-4　网状结构示意图

3. 网状结构及其功能特征

多种因素的影响形成了村落风貌的网状结构，其功能也更为复合。总体上说，是由于自然地形、村落文化及生产力发展的影响，使得这类村落风貌结构经历了"点""线"的发展层次，形成风貌结构中的双核心或多核心，双核心或多核心之间为网状组织方式，核与核之间有强有力的联系，共同构成村落风貌结构的整体格局。如四川黄龙溪古村落，曾是蜀国的军事基地，军事据点为点源核心并造就了线形空间的雏形，在发展中村落主体街巷空间沿河流展开。首先，几处民居沿河岸扩展，形成线形的建筑群组；接着，随着物资运输和商品交换的繁荣，形成陆上交通运输线并沿主要街巷形成建筑群。由此两个建筑群围合形成村落的主要线形街巷空间结构。多条主巷与主街交汇，同时伴随着民俗文化活动、宗教空间、会馆等多个核心穿插在其间，使得村落呈现出以几条主要街巷的线形街巷空间结构相连接的网状结构（图1-4）。

总之，传统村落风貌特征之所以耐人寻味、极富地方特色，是因为其风貌物质要素形成一个系统，这个系统通过整体的场所构成，给予人们心理上的认知和控制，而不是依靠单独的建筑或构筑。组成这个系统的物质要素可以归纳为点、线、面三种状态，并相应地形成"点源结构、线形结构、网状结构"三种主要构成方式。作为物质支撑，它们承载了传统村落日常生活的经济功能、社会功能和文化功能。

因此，只有整体地、系统地认识传统村落风貌特征的物质要素，才能更加深入认识到作为单独存在的物质要素在村落整体风貌特征中所具有的功能和作用，也才能够更加深入体会先人历经多少代传承至今的传统村落的建造智慧和文化价值，从而更加准确把握传统村落的保护和利用的关键。避免"对传统村落局部的改造行为，造成对整体村落空间结构的破坏"，导致"建设性破坏、破坏性建设"。这要求我们的规划师一方面应尊重村落自然地理地貌特征、生活习惯、民俗文化乃至乡土信仰；另一方面应根据当今生产力、生产关系变化的现实要求，整体保护和积极利用，使得传统村落既可传承历史文化和"乡愁"，又可以获得创造性转化、创新性发展，真正使得传统村落可以"活"在当下，并绽放其新时代的光彩。

第 2 章　长潭湖地区村庄建设风貌的现状特点与成因

2.1　区位与概况

2.1.1　区位关系

1. 台州市在浙江省的区位

浙江省位于我国东南沿海。台州市为浙江省地级市，位于浙江省中部沿海，东濒东海，北靠绍兴市、宁波市，南邻温州市，西与金华市和丽水市毗邻。台州地势由西向东倾斜，以山地为主。辖椒江、黄岩、路桥 3 个市辖区，3 个县级市和 3 个县。2013 年年末台州市常住人口 603.8 万人，城镇人口比重为 58.1%（图 2-1）。

2. 黄岩区在台州市的区位

台州市黄岩区，东与台州市椒江区相连，南与台州市路桥区、温岭市以及温州市乐清市毗连，西接永嘉县和仙居县，北界临海市。全区面积 989.89 平方千米（图 2-2）。

3. 长潭湖地区在黄岩区的区位

长潭湖地区是指位于黄岩区西部长潭库区的 5 乡 2 镇，包括上垟乡、平田乡、屿头乡、富山乡、上郑乡、宁溪镇和北洋镇（图 2-3，图 2-4）。

图 2-1　台州市在浙江省的区位图

图 2-2　黄岩区在台州市的区位图

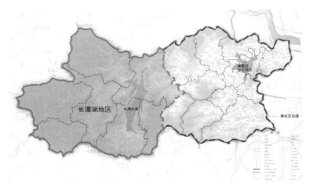

图 2-3　长潭湖地区在黄岩区的区位图

图 2-4　调研的乡镇在长潭湖地区的区位图

2.1.2　长潭湖地区概况

长潭湖位于黄岩城西 23 千米处的永宁江上游，是以饮水为主，兼顾防洪、发电、灌溉的大型水利工程。以湖水、小岛、山林取胜，风光秀美，景色宜人，"满目青山皆为景，湖水清澈照人游"。库区有 441.3 平方千米集雨面积的森林带，植被丰富，湖面宽广，南北长约 12 千米，东西宽约 3 千米，四周山体连绵起伏而不高耸，山高在 350~780 米之间，在湖中泛舟荡漾，与远山视线夹角在 7°~15° 之间。

长潭水库于 1958 年 10 月动工兴建，1962 年开始灌溉受益，1964 年竣工。之前，在距黄岩县城 23 千米的永宁江上游，有一个长约 800 米，深约 30 米的叫"长潭"的深潭，它处于长潭山与伏虎山之间的深长峡谷中，两岸树木茂盛，杂草丛生。波澜汹涌的永宁江穿谷而过，1949 年后，党和人民政府十分重视对永宁江的治理，长潭水库建成后，水质达到 I 类标准，保障了台州 300 万人的饮用水安全。

长潭湖地区涉及黄岩区上垟乡、平田乡、屿头乡、富山乡、上郑乡、宁溪镇及北洋镇部分村庄，近 4.4 万人口。规范库区村庄建设风貌，对于营造区域特色风貌，保护山水环境格局，促进地区可持续发展具有重要的意义。

2.2　村庄建设风貌现状特点

2.2.1　环境优美

长潭湖地区环境优美，主要的环境要素包括湖区、山林、农田等，它们共同形成长潭湖地区村庄建设风貌的环境。长潭湖地区山清水秀，风光秀美，景色宜人，山林层叠，植被丰富，农田风光也构成一道亮丽的风景（图 2-5）。

湖光山色

山林风光

农田风光

采摘农业

图 2-5　长潭湖地区村庄建设风貌典型环境图

2.2.2 村庄类型丰富

从自然村所处的环境来看，长潭湖地区村庄建设风貌形成三种类型，分别是湖畔人居滨水地村庄、半山人居山坡地村庄和山间人居平坡地村庄。其中，滨水地村庄，位于环长潭湖地区，大小相间，疏密有致，面向湖面，背靠青山，是长潭湖地区乡村风貌的重要组成部分。山坡地村庄，依山而建，顺应地势，层层叠叠，与环境融为一体。平坡地村庄，利用山间平地缓坡，形成聚落（图2-6）。

滨水地村庄（地形地貌-1）
环长潭湖的村落，面朝湖面，背靠青山

山坡地村庄（地形地貌-2）
依山而建，层层叠叠

平坡地村庄（地形地貌-3）
利用山间平地，形成聚落

点状村落（布局形态-1）
村落处于广阔的环境中

线状村落（布局形态-2）
村落沿道路水系等线性展开

面状村落（布局形态-3）
村落围绕主体街巷空间展开

图2-6 长潭湖地区自然村庄典型类型图

从村落布局形态来看，长潭湖地区的乡村村落存在三种类型，分别是点状、线状和面状。点状以村落为主，相对独立的村落处于广阔的农田、山林环境中。线状村落的布局沿道路、水系等要素线性展开。面状村落主要围绕主体街巷空间展开。

2.2.3　地方建筑特色突出

长潭湖地区地方建筑形式多样，具有代表性的包括木构、石砌、砖砌建筑，以及它们的混合运用。这些建筑就地取材，运用传统工艺，与周边环境融为一体，形成了一系列地方传统样式，是村庄建设风貌重要的载体。这些地方传统样式包括屋顶、墙体、门窗、栏杆、铺地等（图 2-7）。

木构建筑　　　　　　　　　　　　　　　　砖砌建筑

石砌建筑　　　　　　　　　　　　　　　　砖石混砌建筑

屋顶　　　　　　　　　　　　　　　　　　墙体

门

窗花

栏杆

铺地

图 2-7　长潭湖地区典型地方建筑类型与要素图

2.3　形成过程

通过对长潭湖地区 5 乡 2 镇村庄建设风貌现状的调研走访以及较为全面、细致的分析研究发现，长潭湖地区村庄建设风貌特色形成过程可按时间阶段大致划分为 1949 年以前、计划经济时期和改革开放以来三个阶段。

2.3.1　1949 年以前

1949 年以前长潭湖地区村庄建设风貌以传统特色为主。

1. 整体营建特征

建筑群落布局、选址体现出对自然的依照，顺应山水地势，形成枕山、临水等多种空间格局。同时，村落空间多以祠、庙为核心，通过村内的主体街巷组织村庄整体空间结构。

2. 单体建筑特征

建筑形式多为典型的浙东山地建筑风格，表现为坡屋顶、硬山墙，建筑前后出檐较大。建筑材料多取材于当地，如：块石主要用于砌筑墙基和墙身，卵石用以砌墙、铺路、驳岸、筑篱，木材多用于建造屋架、桁条、椽子以及板壁、门窗等，泥土多用于筑墙、烧制瓦片等。建筑色彩以材质本身的中性灰色、黑色、赭石色为主。

3. 设施环境特征

部分主要街道、桥梁以条石铺装，结合古树形成村口、庙前活动广场，村庄的石桥、古道、老树、碧水、群山浑然一体，古朴自然。

2.3.2　计划经济时期（1949—1980年）

计划经济时期集中建设的乡村公共建筑形成了长潭湖地区新的风貌特色。

1. 整体营建特征

村庄祠、庙的中心作用减弱，乡村集体公共建筑组织空间的核心作用逐步凸显，公共建筑的建设扩展并延伸了村落格局和主体街巷空间结构。

2. 单体建筑特征

其风貌与传统建筑风貌较为协调。建筑形式仍以传统坡屋顶为主，建筑层数有所增加，局部可见3~4层建筑，建筑室内外空间组织较好地延续了传统民居建筑中室内外空间衔接的特点。建筑材料多以砖、木、石材料为主。建筑主体多以白色粉刷，局部构件以木质并经过油漆，屋顶仍为黑色瓦片。

3. 设施环境特征

新建公共建筑的主要功能多为乡公所、兽医站、会堂等，围绕这些公共建筑形成了新的村庄入口、活动广场及其他节点场所，丰富了村庄公共活动的设施和开放空间。

2.3.3　改革开放以来（1980年至今）

改革开放以来，长潭湖地区村庄建设风貌出现巨大变化，与前两个阶段的风貌特色有较大差异。

1. 整体营建特征

出现单一行列式布局的村庄建设格局，同时，原有传统建筑、集体公共建筑逐渐衰败、废弃和拆除，翻建新建住宅逐渐成为村庄风貌的主体，传统村落院落单元空间依山就势的建设格局和主体街巷空间受到不同程度的改变。

2. 单体建筑特征

由于村民自建住宅缺乏有序引导，建筑形式、材料、色彩与传统风貌不协调。部分建筑形式出现平屋顶、坡屋顶、平坡屋顶结合等多种屋顶样式。其中坡屋顶的坡度、坡向均存在多种形式。建筑构件及装饰出现较多西方风格样式；村民新建住宅建筑高度随意，建筑层数最高出现了5层。建筑主要以钢筋混凝土结构为主，新建建筑立面多采用面砖，面砖色彩的饱和度、反光率较传统建筑墙面高，同时铝合金门窗大量使用，窗墙比更高，门窗玻璃色彩以蓝色、绿色为主，导致建筑立面色彩较杂乱，在环境中显突兀。

3. 设施环境特征

新建道路空间主要考虑机动车通行要求，尺度较大。以水泥铺设为主。部分新建公共绿地较少考虑与村落主体街巷空间的结合，使用率较低。村落中凉亭、垃圾收集等设施明显增加，在改善村容村貌和卫生环境方面起到一定的积极作用，也使得村落建设风貌要素更为多元，部分村庄景观设施、卫生设施的样式、材料和色彩多样但缺乏协调。

2.4 形成原因分析

2.4.1 自然环境影响

自然环境影响是村庄风貌特色形成的基本力。地形地貌、气候水文、土壤植被等自然环境要素的共同作用为村庄风貌特色的形成奠定了基础。

长潭湖地区村庄处于黄岩西部山区，在传统农业时期，生产力水平较低，村庄营建受到地形地貌的约束较大。由于工程技术条件的限制，难以对地形地貌施以很大改变。大分散、小集聚，与自然环境有机协调，成为传统村庄整体布局的基本特征。形成坡地建筑、聚落、山间平地的小村落。

长潭湖地区气候水文较优越，特别是降水丰富，对当地采用易于排水的坡屋顶和有利于防雨、防晒的挑檐样式有重要影响。

长潭湖地区山林茂密、植被较多，土、石、竹、木资源丰富，村庄建造取材主要依赖当地，形成了具有地方特色木构、石砌瓦房。

因此，传统村庄建设风貌显示出明显的地域性特征。

2.4.2 社会文化影响

社会文化影响是村庄风貌特色形成的推动力。社会变革以及传统文化传承与现代文化的植入，推动了村庄建设风貌的变化。

在传统血缘、地缘关系影响下，村落空间多以祠、庙为核心，通过村内的主体街巷组织村庄整体空间结构。

在人民公社和"文化大革命"时期，以计划经济为主导，集体组织在生产生活中的重要性增加，形成大量公共建筑并有部分留存至今。

改革开放以来，村庄社会文化转型，村民建房的理念发生了较大转变，村庄建设风貌出现较大转型。

随着市场经济逐步推进，生产力水平、生活水平快速提高，一定时期内随着村庄人口的快速增长，人们对于住房的需求增加。村庄快速扩张，新建大量房屋，改变了街巷空间格局。

随着城市化进程逐步深入，人口不断向城镇迁移，村庄人口减少，部分村庄原有传统建筑逐渐衰败、废弃，村庄空心化现象逐渐凸显。

随着现代文化观念不断进入村民的生产、生活，传统血缘、地缘关系、集体公共关系逐步减弱。新建建筑主观随意性增加，或直接模仿外来建筑风格，地方传统建筑风貌受到不同程度的破坏。

2.4.3 产业经济影响

产业经济影响是村庄风貌特色形成的强化力。随着改革开放和市场经济的推行，村庄产业经济结构逐渐发生改变，村庄建设风貌出现较大转变。

长潭湖地区在一定时期内第二产业发展迅速，部分村庄出现了以农产品加工、塑料制品加工、酿酒等为主的加工、制造企业，这些企业在吸纳本地村民就业的同时增加了村民收入，使得村民新建住房在短期内大量涌现。

长潭湖地区乡村旅游快速发展，各类旅游服务公共建筑、农家乐、宾馆等配套服务设施逐步完善，较大地影响了原有村庄的功能结构和建设风貌。

2.5 长潭湖地区村庄建设风貌的经验

2.5.1 村落整体格局的营造与延续

在整体布局中，考虑村落整体营造与环境的协调关系，遵循因地制宜的布局原则，结合当地自然地形环境，形成与自然环境融合的整体空间布局，村民新建住宅采取渐进式的自修自建或异地新建，原有老村的格局得到较好保留和延续，对村庄建设风貌特色形成有积极意义。

2.5.2 村落街巷空间体系的建构与提升

传统村落内部注重公共空间的营造，串联主街、村口、中心广场、古树节点等主巷，形成结构清晰的主体街巷空间。街巷空间的尺度和比例宜人，两侧界面连续并富有节奏韵律，在交通需求得到合理满足的情况下，传统村落的街巷空间体系具有较高的借鉴价值。

2.5.3 村落历史建筑的更新与再生

在新老建筑更替的过程中，一部分传统民居建筑和计划经济时期的公共建筑得到了保留。通过历史建筑的改造、功能更新，尤其是已废弃的公共建筑，在保留原有建筑风貌基本不变的基础上，通过构件置换、加固、室内装修等更新改造措施，用现代的建筑材料表达传统的建筑文化魅力，使之符合现代使用需求。在达到历史建筑功能再生的目的同时，尊重当地文化，实现乡土风貌特色创新。

2.6 长潭湖地区村庄建设风貌的主要问题

2.6.1 部分公共空间尺度失衡、层次缺失

长潭湖地区村庄新建区域的街巷空间以适应机动车通行的大尺度道路为主，忽视了步行空间与公共活动的营造，不利于乡村邻里交往与活动。公共空间体系中缺乏私密空间与公共空间的过渡层。传统建筑中由连廊、挑檐等建筑构件所形成的过渡空间缺失，导致了建筑室内空间与外部公共空间的衔接生硬。

2.6.2 新建住宅建筑风貌与周边环境缺乏协调

由于技术、经济条件的变化，新建住宅建筑多使用面砖、金属、玻璃等材料，形成高彩度、高明度和高反光度，与周边环境不协调。此外，西式建筑元素，如罗马柱式等也较多地出现在建筑构件和装饰中，在整体环境中显得突兀。

2.6.3 设施环境缺少乡土特色

村落广场与公共绿地的铺地、植被品种，以及路灯、垃圾桶等景观小品忽视了乡土特色的塑造，村庄建设风貌缺失本土特色。

第3章 长潭湖地区村庄建设风貌导则的编制思路

3.1 编制背景

3.1.1 美丽乡村成为实施乡村振兴国家战略组成部分

美丽乡村指经济、政治、文化、社会和生态文明协调发展,规划科学、生产发展、生活宽裕、乡风文明、村容整洁、管理民主,宜居、宜业的可持续发展乡村,包括建制村和自然村。

"实现城乡一体化,建设美丽乡村,是要给乡亲们造福,不要把钱花在不必要的事情上,比如说'涂脂抹粉',房子外面刷层白灰,一白遮百丑。不能大拆大建,特别是古村落要保护好。"习近平2013年7月22日考察鄂州市的长港镇峒山村时说,"即使将来城镇化达到70%以上,还有四五亿人在农村。农村绝不能成为荒芜的农村、留守的农村、记忆中的故园。城镇化要发展,农业现代化和新农村建设也要发展,同步发展才能相得益彰,要推进城乡一体化发展。"

对乡村建设和发展的重视已经上升为国家战略。党的"十九大"提出实施乡村振兴战略。国家"2011计划"协同创新的根本目标,就是要构建面向科学前沿、文化传承创新、行业产业以及区域发展重大需求的四类协同创新模式,而美丽乡村规划建设正是探索和实践"地方人居传统文化的传承与创新""区域城镇化发展重大需求背景下的乡村现代化道路"。在实施乡村振兴战略的目标下,探索乡村现代化的新模式、新类型,进行分类指导,是当前美丽乡村建设政策和实践的重要议题。

新形势下我国农村规划建设正实现从"新农村"到"美明乡村"的时代跨越。当前,我国"乡村振兴"规划建设工作正在各地如火如荼地展开。各地结合当地实际,努力探索符合生产力发展水平、符合地方自然地理地貌条件和社会文化特征的"美丽乡村"规划建设道路。"美丽乡村"建设工作,是在"新农村"建设基础上的时代跨越。2005年12月中央经济工作会议提出"扎实推进社会主义新农村建设"之后,我国各地在"新农村"建设的"生产发展、生活宽裕、乡风文明、村容整洁、管理民主"20字方针指引下深入实践。在国家新型城镇化的战略目标下,努力探索我国乡村现代化的新模式、新类型,并进行分类指导,已经成为"美丽乡村"建设理论和实践的重要任务。因此,"美丽乡村"是在"实施乡村振兴战略"新的形势下对我国广大乡村可持续发展的新要求。各地农村应当面对发展的新形势和新问题,努力实现农村社会经济和环境发展的新跨越。

3.1.2 全国各地掀起美丽乡村建设的新热潮

2005年10月,党的十六届五中全会提出建设社会主义新农村的重大历史任务。2007年10月,党的十七大提出"要统筹城乡发展,推进社会主义新农村建设"。"十一五"期间,全国很多省,纷纷制定美丽乡村建设行动计划并付诸行动。2008年,浙江省安吉县正式提出"中国美丽乡村"计划,出台《建设"中国美丽乡村"行动纲要》。"十二五"期间,浙江省制定《浙江省美丽乡村建设行动计划（2022—2015年）》。广东省增城、花都、从化等地从2011年开始也启动美丽乡村建设。2012年海南省也明确提出将以推进"美丽乡村"工程为抓手，加快推进全省农村危房改造建设和新农村建设的步伐。《美丽乡村建设指南》国家标准由质检总局、国家标准委2015年5月27日发布。该标准将于2015年6月1日起正式实施。"美丽乡村"建设已成为中国社会主义新农村建设的代名词，全国各地掀起美丽乡村建设的新热潮，这对于当今实施乡村振兴战略具有重要的推进意义。

1. 浙江省美丽乡村建设全国领先

2003年开始，浙江启动"千村示范万村整治工程"（"千万工程"），把农民反映最强烈的环境脏乱差问题作为突破口，至2007年，经过5年的努力，对全省10 303个建制村进行初步整治，并把其中的1 181个建制村建设成"全面小康建设示范村"。2008年起，浙江在"千万工程"树立"示范美"的基础上，按照城乡基本公共服务均等化的要求，把"全面小康建设示范村"的成功经验深化、扩大至全省所有乡村。2010年，浙江省委、省政府进一步做出推进"美丽乡村"建设的决策。按照生态文明和全面建成小康社会的要求，浙江明确了"美丽乡村"从内涵提升上推进"科学规划布局美、村容整洁环境美、创业增收生活美、乡风文明身心美"和"宜居、宜业、宜游"的建设要求，培育美丽乡村创建先进县，农村面貌发生质的变化。2013年，省委、省政府号召全面推进美丽乡村建设，积极探索农村复兴之路。以净为底，夯实农村环境基础；以美为形，打造创建先进县和示范县；以文为魂，强化历史文化村落保护利用；以人为本，优化农村公共服务；以业为基，大力发展农村新型业态。

2. 台州市、黄岩区美丽乡村建设成就突出

建设美丽乡村是促进农村经济社会科学发展、提升农民生活品质、加快城乡一体化进程的有力举措，是现阶段推进新农村建设和生态文明建设的主要抓手。台州市根据《浙江省美丽乡村建设行动计划（2011—2015年）》（浙委办〔2010〕141号）文件精神，制定《台州市美丽乡村建设实施意见》。台州市美丽乡村建设以"美丽乡村、和谐台州"为主题。围绕"四美三宜"的总体要求（科学规划布局美、村容整洁环境美、创业增收生活美、乡风文明身心美，宜居、宜业、宜游），以提升农民生活品质为根本，以展现农村生态魅力为特色，以深化"百千工程"和"清洁家园、和谐乡村"活动为载体，着力推进村庄优化整合行动、人居环境提升行动、农民创业增收行动、文明乡风培育行动等四项行动，努力建设一批全省领先"宜居宜业宜游"的美丽乡村。2012年5月15日，中共台州市黄岩区委、区人民政府根据《浙江省美丽乡村建设行动计划（2011—2015年）》和《台州市美丽乡村建设实施意见》文件精神发布《黄岩区美丽乡村建设实施意见》。黄岩区全面实施"东部提升引领、中部优化发展、西部生态开发"战略部署，以"中华橘源、山水黄岩"为主题。围绕"四美三宜"的总体要求，以统筹城乡发展为主线，以促进人与自然和谐相处、提升农民生活品质为核心，立足台州市区生态屏障的功能定位，深化"十百工程"和"清洁家园、和谐乡村（社区）"活动，不断优化人居环境，大力发展生态经济，挖掘弘扬生态文化，着力建设宜居宜业宜游的美丽乡村。黄岩获"浙江省美丽乡村创建先进县"称号。

3.1.3 村庄建设风貌是美丽乡村建设的重要组成部分

村庄建设风貌是村庄社会、经济、文化等内在要素的外在表现，同时对社会经济、文化等要素的发展有反作用。美丽乡村的建设成果需要村庄建设风貌的直观体现。良好的村庄建成风貌对美丽乡村的综合建设具有促进作用。

从新农村建设的"20字方针"，到《美丽乡村建设指南》国家标准，都对村庄建设风貌进行重点要求。在"20字方针"中明确提出"村容整洁"要求。《美丽乡村建设指南》中明确指出：新建、改建、扩建住房与建筑整治应注重与环境协调，选择具有乡村特色和地域风格的建筑图样；保持和延续传统格局和历史风貌；整治影响景观的棚舍、残破或倒塌的墙体，清除临时搭盖，美化影响村庄空间外观视觉的墙体、屋顶、窗户、栏杆等，规范太阳能热水器、屋顶空调等设施的安装。

3.1.4 村庄建设风貌"趋同"与"异化"问题突出

村庄建设风貌本是村庄经济、社会、文化、环境的综合反映。但由于种种原因，在具体实践中问题凸显。一方面，我国村庄建成风貌趋同。一张设计图纸到处拷贝，一种房屋类型到处翻建，大多采用相同的材料、相同的色彩、相同的布局、相同的形式。传统村落的地域特征、文化特色遭到破坏。另一方面，我国村庄建设风貌异化现象突出。部分地区为了塑造所谓的特色陷入另一种误区，不顾地方自然地理环境、社会经济发展情况、传统文化特征，挖空心思追求"千村千面"或"一村一貌"，使得村庄建成风貌脱离了村庄的社会、经济、文化等内在因素。

3.1.5 村庄建设风貌设计技术导则编制工作有待加强

我国现行的与村庄规划建设相关的导则性质的文件，主要涵盖总则、总体空间格局、村庄建筑、生态环境、基础设施等方面的内容，并大多以描述性的条款文字为主要表达形式或辅以简单的现状原图作为指引分析，虽内容涵盖全面，但是对于设计技术较弱的农村地区的建设，这类导则可读性和实操性不佳，难以承担全面指导设计、规范管理的重任。

3.2 国外村庄建设风貌营造的成功经验

为弥补我国既有的村庄导则直观性、指导性不足的问题，我们可以通过国外导则案例研究获取一定的借鉴。英国的村庄风貌特征鲜明，其村庄规划建设一直是各国发展借鉴的对象，同时英国又是规划设计导则起源地，具有重要的地位。以2009年英国北艾尔郡（North Ayrshire Council）村庄发展设计导则和2008年爱尔兰梅奥郡（Mayo County Council）制定的村庄住宅设计导则为例进行深入研究。此外，现代城市规划的另一个发源地——德国的农村建设也具有较强的指导意义，将德国巴伐利亚村庄建设指南作为研究案例。接下来结合案例探讨上述国家村庄风貌导则的制定方法。

3.2.1 英国北艾尔郡村庄建设风貌营造的成功经验

该村庄发展设计导则从结构上分为概述、地方特色、设计引导与规划过程四大部分，并已正式纳入北艾尔郡地方规划文件的补充文件。

图 3-1　地方特色示意图

图片来源：村庄发展设计导则（2009）（North Ayshire Council）

概述部分主要阐明该导则编制的目的、与相关规划政策的关系，并对导则本身结构进行简要介绍；第二部分主要是从村庄建筑、地域线性空间以及小型空间单元等三个方面对村庄地方特色的总结，如图 3-1 所示；第三部分是整个文件的主体部分——设计引导。

设计引导分为：①选址；②种植与边界；③通道与停车；④单体建筑；⑤小型建筑组合；⑥建筑材料；⑦建造细节。对这 7 个方面进行导引与控制，并以说明结合图示的方式对比鼓励的要素形式和反对的要素形式，导控要素明确，重点突出，可读性高，对于并不具备大量规划设计知识的当地居民而言具有很强的操作指导性（图 3-2 至图 3-4）。

另外，引导部分也对参照导则建设可能出现问题的原因、保持地方特色和以木材覆盖立面等三个对导则实施至关重要的问题进行了进一步的说明。

导则最后部分对导则在操作实际中的使用方法、具体操作过程等以要点列举的方式进行了简要的说明并辅以样例说明。

3.2.2　爱尔兰梅奥郡村庄建设风貌营造的成功经验

梅奥郡的村庄住宅设计导则是以住宅为引导控制主体的导控文件，编制的目的包括鼓励采用传统建筑形式、尺度与材料，保护重要的景观与环境资源以及提高环境的可持续性等，并由八个部分组成：①住宅选址；②路径与入口；③住宅形式；④住宅建造与细节；⑤材料；⑥环境的可持续性；⑦住宅规范；⑧申请方式（图 3-5 至图 3-7）。

设计导则通过图示列举鼓励建设的入口形式，并辅以实例图片与文字说明（包括围墙高度、石材大小等），对入口建设的材质与具体做法进行引导，通过绩效性导则与规范性导则共同保障从规划设计到实施管理的全过程。

3.2.3　德国巴伐利亚州农村建设风貌营造的成功经验

该指南是针对农村发展过程中村庄建筑建造具体实施导控而编制的，分为简介、指导个案（历史建筑改造、新建筑建设、庭院和车道等）、（导控）要素目录、参考书目、案例

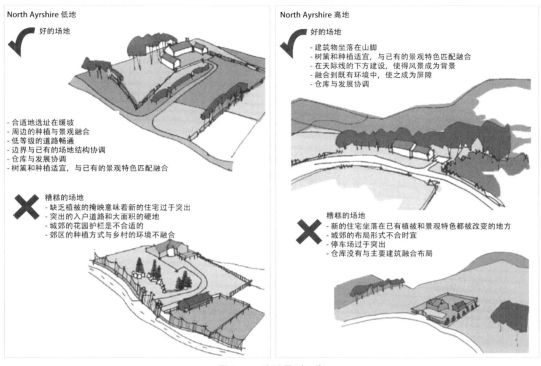

图 3-2　选址导则示意

图片来源：村庄发展设计导则（2009）（North Ayshire Council）

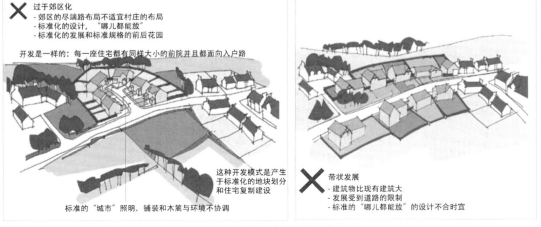

图 3-3　发展边界导则示意

图片来源：村庄发展设计导则（2009）（North Ayshire Council）

相邻的房屋屋顶坡度有变化

农场建筑组团，大体量建筑分解成若干小体量建筑元素

这组符合当地建筑的特点是体量和材质的变化

屋脊高度和建筑材料有变化

在建筑组团中建筑的朝向不都一致

体量和材质变化，烟囱和边界墙是连续的

小尺度的，屋檐的位置取决于开门开窗的高度，最小的屋檐下建筑

尖顶屋的山墙有小窗且边缘有简单的细节

图 3-4　建筑单体与群体关系导则示意

对称的建筑立面墙的比例大于窗

反复再现和对称的屋檐，一致的建筑界限

低矮的、线性排列的建筑，为工业/农业使用，开窗较大

图片来源：村庄发展设计导则（2009）（North Ayrshire Council）

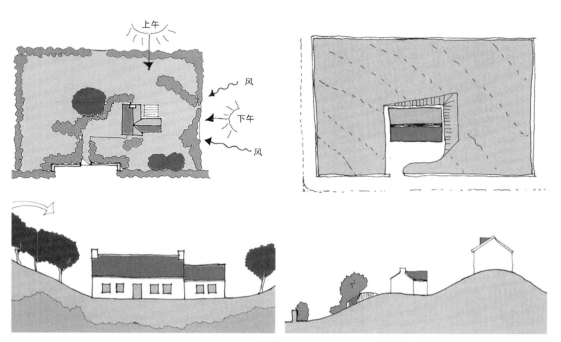

图 3-5　住宅选址导则示意

图片来源：村庄住宅设计导则（Mayo County Council）

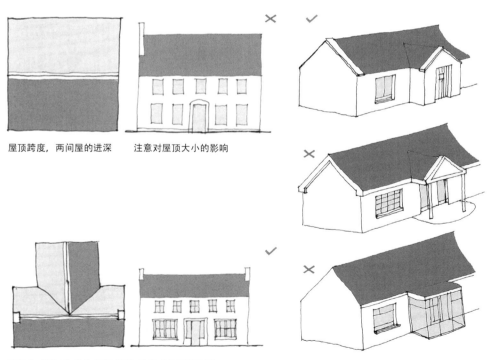

屋顶跨度，两间屋的进深　注意对屋顶大小的影响

其他的"T"或"L"形的设计　注意减小屋顶体积

图 3-6　屋顶与门廊导则示意

图片来源：村庄住宅设计导则（Mayo County Council）

图 3-7　门窗形式导则示意

图片来源：村庄住宅设计导则（Mayo County Council）

分析等几个部分。其中指导个案主要是对该指南适用的范围、项目等进行阐述，指南的主体部分是（导控）要素目录，主要涵盖了建设、改造等规划设计行为中受到该指南引导控制的要素、方法与形式等（图 3-8 至图 3-9）。

该指南以图示和简单说明的方式将鼓励的风貌要素形式与指南认为不适于该地域的风貌要素形式进行对比说明，简洁明了，可读性、操作性强。

与其他几个案例不同，该指南在每个或每一组风貌控制要素后，都辅以导控自查的部分，如对控制要素"窗"的导控自查：

（1）本地对于窗户的开启设备、颜色等是否有其他特殊要求？

（2）是否可以把历史建筑的窗户细节特征尽可能保留？

（3）不规则的窗户是否可以通过窗户所在立面的改造将其规整化，提高其与周边环境的协调性？

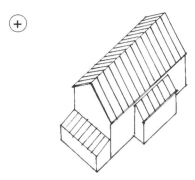

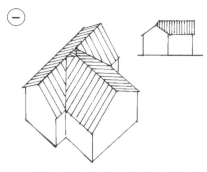

如果必须建造附属建筑，则其必须在体量、材料和位置等方面从属于主体建筑，主体建筑的基本形态必须清晰、明确

建筑的横向结构在尺寸和材料上和建筑主体一致，使得建筑主体不再清晰可辨

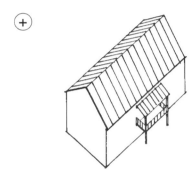

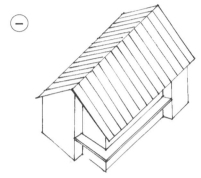

阳台和阳光房等作为主体建筑的组成部分，不应破坏建筑的基本形态

应避免对建筑基本形状的切割，尽量避免超出既有的结构

图 3-8　建设层次的指南示意

图片来源：巴伐利亚乡村发展的重要行动纲领（Rural Development in Bavaria Action Program Dorf Vital）

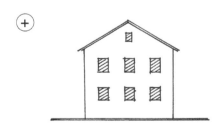

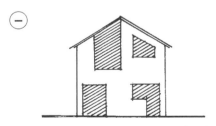

外墙立面的特点是墙面与开孔（如窗户、门等）相互协调

不同形式和设置方式的墙面开孔极大地影响了砖石墙面的外立面

过去用石砌结构建筑跨度很小，因建造可产生高质量开窗形式

如今，使用钢梁或预制混凝土构件，可以实现多种长度的墙面开孔，如很宽的窗户

图 3-9　砌筑外墙的指南示意

图片来源：巴伐利亚乡村发展的重要行动纲领（Rural Development in Bavaria Action Program Dorf Vital）

3.2.4 小结

以上三个案例尽管针对引导控制的主体差异内容的涵盖广度有所不同，但三个案例的导控目的是基本一致的，即在村庄发展更新、建设、改造过程中合理地传承传统风貌特征，与周边已有自然环境、历史文化环境的协调，等等，因此导则具有以下几个共同的特点值得借鉴：

（1）提取有限的重点控制要素，导控重点突出；

（2）针对重点导控要素列举若干控制形式，提高导则的操作性；

（3）通过导则鼓励的要素形式间的组合，实现风貌控制与建设多样性并存；

（4）导控形式以清晰的图示表达配以简单的文字说明，提高导则可读性。

3.3 国家和地方有关村庄建设风貌营造的规范标准

3.3.1 《美丽乡村建设指南》（GB/T 32000—2015）对村庄建设风貌营造的主要要求

1. 范围

标准规定了美丽乡村的村庄规划和建设、生态环境、经济发展、公共服务、乡风文明、基层组织、长效管理等建设要求。

标准适用于指导以村为单位的美丽乡村的建设。

2. 村庄建设

1）基本要求

村庄建设应按规划执行。

（1）新建、改建、扩建住房与建筑整治应符合建筑卫生、安全要求，注重与环境协调；宜选择具有乡村特色和地域风格的建筑图样。

（2）保持和延续传统格局和历史风貌，维护历史文化遗产的完整性、真实性、延续性和原始性。

（3）整治影响景观的棚舍、残破或倒塌的墙体，清除临时搭盖，美化影响村庄空间外观视觉的外墙、屋顶、窗户、栏杆等，规范太阳能热水器、屋顶空调等设施的安装。

（4）逐步实施危旧房的改造、整治。

2）生活设施

（1）道路方面。村内道路应以现有道路为基础，顺应现有村庄格局，保留原始形态走向，就地取材。

（2）桥梁方面。安全美观，与周围环境相协调，体现地域风格，提倡使用本地天然材料，保护古桥。

（3）清洁能源使用方面。推广使用电能、太阳能、风能等清洁能源。

3. 村容整治

在环境绿化方面，村庄绿化宜采用本地果树林木花草品种，兼顾生态、经济和景观效果，与当地的地形地貌相协调；庭院、屋顶和围墙提倡立体绿化和美化；古树名木采取设置围护栏或砌石等方法进行保护。

4. 文化体育

文化保护与传承方面：发掘古村落、古建筑、古文物等乡村物质文化，进行整修和保护。

3.3.2 《浙江省村庄设计导则》（2015）对村庄建设风貌营造的主要要求

浙江省村庄设计导则的适用范围包括：浙江省行政管辖范围内村庄建设和整治工作。

浙江省村庄设计导则涉及的村庄建设风貌要素如表3-1所示。

表 3-1　　　　　　　　　　浙江省村庄设计导则涉及的村庄建设风貌要素一览表

重点要素		村庄设计主要内容
大类	小类	
总则	—	适用范围、原则、成果内容、村庄分类
总体设计	一般规定	村庄总体设计应当从空间形态和空间序列两个层面进行谋划和布局
	空间形态	平地村庄、山地丘陵村庄、水乡村庄、海岛村庄 采用带状、团块状或散点状空间平面形态 宜根据当地自然地形地貌灵活选择路网格局 应尊重和协调村庄的原有肌理和格局 应通过对建筑高度的控制来塑造良好的空间形态，并充分利用自然地形和建筑功能布局营造天际线
	空间序列	空间序列由轴线和节点组成： 村庄入口及轴线的选择；轴线设计；轴线界面设计 节点设计
建筑设计	村居建筑风貌设计	浙江省典型村居类型分类： 按村居建筑风格分类：浙北村居、浙东南村居、浙南夯土村居；按村居建筑所处的地貌分类：平地村居、坡地村居、临水村居、海岛村居；按平面空间形式分类：传统村居的建筑类型分为单体村居和合院村居。 风貌控制导则： 村居建筑的外观设计；建筑立面装饰材料；修复、加固、整治、改造；建筑造型上应合理运用材料、结构以及工艺手法 材料控制导则 色彩控制导则 高度控制导则 平地村居 坡地村居 临水村居 海岛村居
	村庄公共建筑设计	村级服务中心的设计；村级文化活动中心的设计
	村庄建筑重要构件设计	宅门、墙、柱梁、坡屋面、门窗、装饰构件、传统村居建筑装饰部位、村镇传统住宅装饰材料
	村庄建筑风貌整治设计	整治范围：始建年代久远、保存较好、具有一定建筑文化价值的传统民居、祠堂、庙宇、亭榭、牌坊、碑塔和堡桥等公共建筑物和构筑物；具有历史文化价值的村庄布局形态 整治内容：历史文化建筑及街区周边已建的近代建筑物，其体量、高度、形式、材质、色彩均应与传统建筑协调统一。不协调的应予以整改

续表

重点要素		村庄设计主要内容
大类	小类	
环境设计	整体环境设计	环境设计主要指（村居）外部的景观设计，细分为交往空间设计、滨水空间设计、景观小品设计三项 交往空间设计包括村口空间、公共广场、街巷节点空间和道路空间设计 滨水空间设计包括桥梁、驳岸护砌及亲水设施设计 景观小品设计包括标识系统、扶手栏杆、坐具、废物箱、花坛树池、挡土墙、路灯及景观灯设计
	绿化设计	将绿化设计分为公共空间绿化、生产绿化、道路绿化、庭院绿化、滨水空间绿化、古树名木及林地改造
生态设计	一般规定	在村庄设计中的核心在于雨水循环利用、乡村建设节能设计、可再生能源利用及材料的循环利用
基础设施设计	环境卫生设施	垃圾收集设施及生活垃圾分类；公共厕所
附录	村庄设计的定义	村庄设计是指村庄在新址建设和原址扩建之前，设计者按照传承历史文化，营造乡村风貌，彰显村庄特色，提高建设水平的要求，把村庄建设过程和使用过程中所存在的或可能发生的问题，事先做好通盘的设想，拟定好解决这些问题的办法、方案，用图纸和文件表达出来。便于整个建设过程得以在预定的规划设计范围内，按照周密考虑的预定方案，统一步调，顺利进行。并使建成的村庄建筑、环境与基础设施能充分满足使用者和社会所期望的各种要求
	建筑设计常用材料选择	砖、石、木、草、土、金属、混凝土、玻璃、陶瓷产品、涂料

3.3.3 《浙江省村庄规划编制导则》（2015）对村庄建设风貌营造的主要要求

1. 村庄规划总体要求

村庄规划可分为村域规划和居民点（村庄建设用地）规划两个层次。居民点（村庄建设用地）规划中村庄历史文化保护、景观风貌特色控制与村庄设计引导等内容可针对不同类型村庄选择性编制。

2. 相关内容

（1）村庄历史文化保护。提出村庄历史文化和特色风貌的保护原则；提出村庄传统风貌、历史环境要素、传统建筑的保护与利用措施。

（2）景观风貌规划设计指引。结合村庄传统风貌特色，确定村庄整体景观风貌特征，明确村庄景观风貌设计引导要求。①总体结构设计引导：充分结合地形地貌、山体水系等自然环境条件，传承村庄历史文化，引导村庄形成与自然环境、地域特色相融合的空间形态，提出村庄与周边山水相互依存的规划要求。②空间肌理延续引导：通过对村庄原有自然水系、街巷格局、建筑群落等空间肌理的研究，提出旧村改造和新村建设中空间肌理保护延续的规划要求。③公共空间布局引导：结合生产生活需求，合理布置公共服务设施和住宅，形成公共空间体系化布局；从居民的实际需求出发，充分考虑现代化农业生产和农民生活习惯，形成具有地域文化气息的公共空间场所，同时积极引导住宅院落空间建设。④风貌特色保护引导：保护原有的村落集聚形态，处理好建筑与自然环境之间的关系；保护村庄街巷尺度、传统民居、古寺庙以及道路与建筑的空间关系等；继承和发扬传统文化，适当建设标志性的公共建筑，突出不同地域的特色风貌。

（3）绿化景观设计引导。充分考虑村庄与自然的有机融合，合理确定各类绿地的规模和布局，提出村庄环境绿化美化的措施，确定本土绿化植物种类；提出村庄闲置房屋和闲置用地的整治和改造利用措施；提出沟渠水塘、壕沟寨墙、堤坝桥涵、石阶铺地、码头驳岸等的整治措施；提出村口、公共活动空间、主要街巷等重要节点的景观整治措施。

（4）建筑设计引导。村庄建筑设计应因地制宜，重视对传统民俗文化的继承和利用，体现地方乡土特色；同充分考虑农业生产和农民生活习惯的要求，做到"经济实用、就地取材、错落有致、美观大方"，挖掘、梳理、展示浙江民居特色；提出现状农房、庭院整治措施，并对村民自建房屋的风格、色彩、高度、层数等进行规划引导。

（5）环境小品设计引导。环境设施小品主要包括场地铺装、围栏、花坛、园灯、座椅、雕塑、宣传栏、废物箱等。各类小品主要布置于道路两侧或集中绿地等公共空间，尺度适宜，结合环境场所采用不同的手法与风格，营造丰富的村庄环境。场地铺装，形式应简洁，用材应乡土，利于排水；围栏设计美观大方，采用通透式，装饰材料宜选用当地天然植物；花坛、园灯、废物箱等风格应统一协调。

3.3.4 《黄岩区农村村民住宅用地管理实施意见》（2002）对村庄建设风貌营造的主要要求

意见所称的农村村民住宅用地是指本区区域范围内的农村村民新建、迁建、扩建和重建住宅用地。

限额控制：农村村民一户只能拥有一处宅基地。农村村民建造立地式住宅，每户宅基地（包括附属用房、庭院用地）限额标准为：3人以下的小户安排一间，面积不超过50平方米；4~7人的中户安排两间，面积不超过100平方米；8人以上的大户安排三间，面积不超过125平方米。山区有条件利用荒山、荒坡的，每户可增加25平方米。

3.4 村庄风貌导则编制目的与建设营造的基本原则

3.4.1 村庄风貌导则编制的目的

为贯彻中央城镇化工作会议精神，落实浙江省委、省政府关于城乡建设的要求，改善农村人居环境，推进"两美"浙江建设，让居民"望得见山、看得见水、记得住乡愁"全面实施乡村振兴战略，根据国家、浙江省相关法律法规及标准规范的要求，结合黄岩长潭湖地区实际制定本导则。

通过本技术导则出台，规范长潭湖库区农居村庄设计工作，营造黄岩区西部乡村风貌，彰显村庄特色，因地制宜引导库区农居建筑风格与山水环境相协调，使之成为库区山水景观的组成部分，协调村庄传统优秀建成空间与现代乡村生活的矛盾，为美丽乡村和宜居黄岩建设奠定基础。

本导则适用于黄岩区长潭库区5乡2镇（上垟乡、平田乡、屿头乡、富山乡、上郑乡、宁溪镇和北洋镇）行政管辖范围内村庄建设和整治工作。

3.4.2　村庄建设风貌营造的基本原则

总体上遵循"政府引导、农民自主，科学规划、注重特色，尊重自然、因地制宜，分类指导、重点突出，切实可行、经济适用，绿色节能、传承发展"的原则。

具体的包括：生态性原则、特色性原则、适宜性原则、适用性原则、整体性原则和参与性原则。

1. 生态性原则

长潭湖地区村庄建设风貌营造应将生态环境和景观资源保护放在首位。在有效保护水源地的基础上，密切结合山水环境，利用好自然与人文景观资源。因地制宜引导库区农居建筑风格与山水环境相协调，规范库区村庄设计，使之成为库区山水景观的组成部分。

2. 特色性原则

村庄建设风貌营造，在体现黄岩传统建筑简洁而大气、生动而端庄的独特风韵的同时，结合长潭湖地区的自然地貌、人文历史、乡风民俗，展现绚丽多姿的村庄风貌；分辨长潭湖地区村庄的具体差异，以"个性化"的要求，营造黄岩西部乡村风貌，彰显村庄特色。

3. 适宜性原则

村庄建设风貌营造将浪漫的艺术构思与村庄的实际需求相结合，将生产生活的现实需求与经济文化的未来发展相结合，因地制宜，合理确定整体营建特色、建筑单体尺度与形式，以及相适宜的环境设施，切实为乡村人居的可持续发展打下扎实基础。

4. 适用性原则

结合地区、村庄的经济发展水平，恰当地采用地方传统技术优势、地方材料和建造工艺进行建设。避免不顾生产力水平和经济条件，采用虽然先进但十分昂贵的技术。提倡适用技术解决村庄建设发展的需求。

5. 整体性原则

从整体出发，协调各类建构和景观要素，使村庄风貌体现黄岩西部文化的秀丽、灵动、端庄、隽永，引导村庄整体格局、建筑风格、环境设施风貌的营造，实现村庄风貌整体和谐。

6. 参与性原则

引导村庄建设风貌营造中村民的参与和投入，以渐进式、合作式的方式，通过访谈、问卷等形式了解村民的实际诉求以及建设美好家园的意愿，强化归属感、认同感和地方意识。

3.5　村庄建设风貌的解析框架与技术路线

3.5.1　村庄建设风貌的内涵

村庄风貌的内涵是导则具体调节的内容，在编制针对性的设计技术导则前首先必须予以明确。近年来学界关于"什么是村庄风貌"尚未形成统一认识：

传统的农村风貌是经过长期以来农民的生活、生产方式所积累完善形成的，是符合传统农业耕作方式下最有效率和最具实用性的（张弘等，2008）。

"村庄风貌是基于当地的自然风貌和人们长期的生产生活而逐渐形成的，是衡量当地人居环境、自然生态景观和传统历史文化的载体……村庄风貌是通过自然景观、人造景观以及非物质文化景观体现出来的，在村庄发展进程中形成的村庄传统文化和生活的环境特征。"董向平（2012）认为，风貌中的"风"是对村庄文化系统的概括，是传统习俗、风土人情、戏曲、传说等文化方面的表现；"貌"则是村庄物质环境中相关要素的总和，是"风"的载体和村庄风貌的外在构成。

王刚等（2004）认为，村庄风貌规划中的"村庄风貌"不仅是对传统建筑规划学科领域"风貌"的诠释，还是对村庄生产、生活、生态"三位一体"协调发展的文化景观的反映，是对农村"社会和谐、生产发展、生活富足、景观优美、管理民主"的聚落文化景观的综合体现。

段德罡等（2014）认为，风貌是村庄中自然景观与人文景观及其所承载的村庄历史文化和社会生活的总和。因此，村庄风貌同时具有隐性和显性的要素。其中，风貌中的"风"作为隐性要素，是对内向性的软质精神要素的隐性概括，比如村庄社会习俗、风土人情、村民活动等；"貌"作为显性要素，则是基于隐性"风"影响下的外向性总体环境硬件特征的显性综合表达。在整个村庄风貌体系中，"风"指导"貌"的形成，"貌"是"风"的载体，两者相辅相成形成了村庄的风貌。

对以上的概念探讨形成的共识是：农村风貌实质是对长期以来生产生活方式、技术水平以及风土人情等非物质特征的物质载体。农村与城市社会生产力发展水平和特征不同，但无论是农村还是城市，其物质空间的使用方式必然服务于社会生活，因此在研究方法上也具有一定的共性。城市风貌在学界已探讨多年，相对成熟，在概念探讨研究中，亦不妨借鉴城市风貌内涵的演变进一步明确农村风貌本身的内涵。

当然，有关城市风貌内涵亦有较多的界定，如：① 1996 年重庆建筑大学编写的《重庆市城市总体规划》中对城市风貌定义为："城市风貌与景观指人们对城市所进行的一系列审美活动中在审美主客体之间的意向性结构中所产生的审美意象。"②郝慎钧所译的《城市风貌设计》一书对城市风貌如此解释："城市风貌是一个城市的形象。反映出一个城市特有景观和面貌、风采和神态，表现城市的气质和性格，体现出市民的文明、礼貌和昂扬的进取精神，同时还显示出城市的经济实力、商业的繁荣、文化和科技事业的发达。总之，城市风貌是一个城市最有力、最精彩的高度概括。"③张继刚在《二十一世纪中国城市风貌探》一文中，对城市风貌做了如下定义："城市风貌，简单地讲就是城市抽象的、形而上的风格和具象的、形而下的面貌。"④彭远翔在《山地风貌及其保护规划》一文中，对城市风貌如此解释："城市风貌即城市的风格和面貌，是自然因素和人类活动综合作用的结果。"⑤蔡晓丰（2005）认为，城市风貌是通过自然景观、人造景观和人文景观而体现出来的城市发展过程中形成的城市传统、文化和城市生活的环境特征。风貌中的"风"是对城市社会人文取向的软件系统概括，是社会习俗、风土人情、戏曲、传说等文化方面的表现；"貌"则是城市总体环境硬件特征的综合表现，是城市的有形形体和无形空间，是"风"的载体。两者相辅相成，两者有机结合形成特有的文化内涵和精神取向的城市风貌。

综上所述，可以将村庄风貌的内涵概括为：村庄风貌是村庄的风格与面貌，是村庄的社会、文化、产业、经济、地理、生态、环境等多方内涵所综合显现出的外在形象个性特征的集合。

3.5.2　设计导则的技术性内容

在界定了村庄风貌的内涵之后，研究需要进一步明确"设计导则如何覆盖村庄风貌内涵"的技术性内容。这就涉及对"导则"定义、目标、控制手段、既有村庄风貌形式和问题的系统认识。

1. 设计导则的定义

设计导则作为衔接设计到管理落实的抓手，最早源于英美国家，分别由 Design Guideline（美）和 Design Guidance（英）翻译而来。Design Guideline，根据美国 2006 年规划协会颁布的《规划与城市设计标准》中的释义，是指"提供一般性的规划政策（Planning Policies）和实施规章（Implementing Regulations）之间的联系"；而英国的 Design Guidance 是指"为开发项目的实施提供指导，使之与地方政府或其他组织为维护地方特色所制定的设计政策保持一致的文件"。美国和英国对设计导则的释义有所不同，但基本都将其作为设计到实施的桥梁，用以保障具体行动实施过程中对设计的有效落实。换而言之，导则是对如何实现目标或原则的深入说明（戴冬晖等，2009）。

2. 设计导则的目标

设计导则广泛应用于城市设计的实践中，巴奈特（J.Barnett）早在 1982 年就提出"设计城市而不要设计建筑物"（Design Cities Without Design Buildings）的理念。而这样的设计理想往往是通过设计导则实现，"导则必须一方面通过缜密的设计建议与规定，为建筑创作提供实质性的作业支持；另一方面通过合理的内容表达，应对城市设计片断性实施的特征，弱化时间进程中各种环境因素的干扰"（高源，2007）。

3.5.3　技术路线

本导则采用如图 3-10 所示的技术路线。以背景、相关要求和案例分析为前提，以村庄建设风貌现状、解析为基础，形成设计技术导则。其中导则包括导则条文、样式菜单、管控建议和应用引导四个部分。

3.6　村庄建设风貌的引导策略

3.6.1　协调引导

村庄建设风貌引导需协调村庄传统空间与现代生活的矛盾。

当前，村庄的社会结构不再是其传统物质空间建成初期的社会结构关系，传统物质空

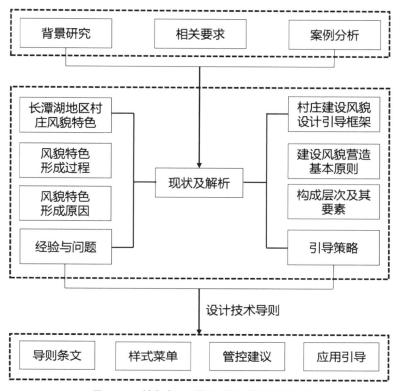

图 3-10　村庄建设风貌导则编制技术路线框图

间已不再满足现代生活的需要，村落传统物质空间的衰败成为必然。与此同时，现代核心家庭所采用的立地式住宅建设则是对现代家庭社会结构关系的基本回应。因此，在村庄建设风貌引导控制中，需要寻找适合原来传统物质空间的活动内容，替代传统的社会结构关系，如作为节日庆典场所、影视基地等。通过新的功能支撑村落传统物质空间的社会结构关系，对传统村落物质空间进行活化，以适应现代生活的需要，使得具有传统风貌的村庄物质环境能够传承。

3.6.2　长潭湖地区村庄建设风貌营造层次及要素

根据黄岩区长潭湖地区村庄建设风貌的现状特征，参考国外村庄建设风貌经验和国内村庄建设风貌营造的要求，本导则提出了长潭湖地区村庄建设风貌营造的层次及主要引导要素。

长潭湖地区村庄建设风貌设计营造分为三个大类层次，即整体控制、单体控制和设施环境控制。整体控制包括整体风貌、主体街巷空间、天际线、滨水空间和单元空间五个中类要素，整体风貌控制包括整体布局、风格意向两个小类要素，主体街巷空间控制包括整体结构、节点空间、街巷宽度、街巷比例和街巷界面五个小类要素；单体控制包括单体建筑的屋顶、墙体、门、窗、重要建筑构件、装饰构件以及建筑技术七个中类要素，屋顶、墙体、门、窗、重要建筑构件、装饰构件分别包括形式、色彩和材质三个小类要素；设施环境控制包括道路桥梁、广场节点、景观设施、维护设施、卫生设施和绿化植被六个中类要素，道路、桥梁、

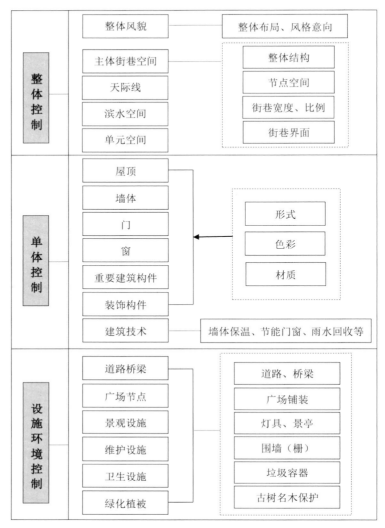

图 3-11　长潭湖地区村庄建设风貌营造层次及要素构成图

广场铺装、灯具、景亭、围墙（栅）、垃圾容器和古树名木保护八个小类要素（图 3-11）。

3.6.3　分层引导

　　针对不同层次的各个要素从现状分析和设计引导两方面内容出发，对长潭湖地区风貌特色营造要素的消极案例进行说明，并通过规划设计提出相应积极案例，从而形成设计导则。其中，对消极案例进行文字说明并配以图示和现状照片，在提供相应积极案例的同时，提出具体营造完善建议和设计方案，形成风貌设计导则要求。在此基础上，对设计导则提出进一步使用引导，对各类要素的主要使用方式进行说明，并从强制使用、选择使用、强制不使用三方面提出使用引导建议。通过对现状的分析及归纳，将风貌特色营造重点要素及分层主要引导内容总结见表 3-2。

表 3-2　　　　　　　　长潭湖地区村庄建设风貌特色营造重点要素及分层主要引导内容一览表

重点要素			主要引导内容
大类	中类及小类		
整体控制	整体风貌	整体布局	布局形式，山水关系，现状肌理，历史特征
		风格意向	传统形式、地方形式的现代化表达，传统建筑修缮，新建建筑风貌与传统建筑协调
	主体街巷空间	整体结构	点、线、面相结合，营造特色鲜明的主体街巷空间
		节点空间	发掘现存空间价值，功能转型，促进空间再生
		街巷宽度	主街承载村落公共活动和邻里交往，宽度宜人，机动车交通组织（可采用单向、分时段通行等手段）
		街巷比例	主巷及主要生活性街巷宽高比，主要生活性街巷沿街建筑体量、高度
		街巷界面	以步行为主的主体街巷应考虑街巷界面生动、视觉通透等
	天际线		天际线错落有致，与周边自然、人工环境的协调，突出村落公共建筑等重要节点
	滨水空间		提升现有水系环境品质，营造水塘周边的活动场地、亲水空间，新建建筑水源保护区的关系
	住宅院落		营造院落空间，视线的通透性，利用院落空间形成住宅私密空间到街巷公共空间之间的过渡空间
单体建筑	屋顶	形式	坡屋面的类型、形式、坡度，屋顶檐口出挑，门上檐口的形式
		色彩	色彩的明度、彩度，与自然背景的关系，主导色彩及其与墙面的对比关系
		材质	当地建筑材料的利用，建筑材料对村落多元性与丰富性的反映，强反光建筑材料的控制
	墙体	形式	院落围墙高度、通透性、地方传统建筑要素的融入
		色彩	色彩的明度、彩度，与传统建筑风貌色彩的呼应，多色砖混合式墙面点缀色彩的数量、色相、明度、彩度、面积比例、分布特征
		材质	当地建筑材料的采用，墙体材质的丰富性，大面积玻璃幕墙、强反光建筑材料的控制
	门	形式	建筑入户大门的形式、分隔，地方传统样式门的采用，建筑入户金属卷帘门的控制
		色彩	颜色的彩度、明度，与墙面的协调
		材质	当地材料的采用，强反光材料的控制
	窗	形式	单个窗扇面积及其分割，窗样式的风格，对当地乡村风貌的反映，与传统建筑窗花样式的融合
		色彩	建筑外窗的明度、彩度，山水环境的协调，与建筑外墙的协调，色彩艳丽、强反光玻璃的控制
		材质	建筑外窗玻璃的要求，反映当地乡土风貌材料材质的使用，艳丽、强反光过的玻璃以及窗框材质的控制
单体建筑	重要建筑构件	形式	乡村特色形式的反映，西方外来风格、形式的控制
		色彩	色彩的明度、彩度
		材质	地方建筑材质的采用，强烈反光的金属材质的控制
	装饰构建	形式	地方传统建筑风貌的采用，西方外来风格、形式的控制
		色彩	色彩的明度、彩度，与建筑整体色彩的协调，过于艳丽、浓重色彩的控制，高明度、高彩度装饰构件的控制
		材质	是否采用强反光的材质
	建筑技术		自保温节能墙体，外保温墙体 门窗组织建筑内部通风，节能门窗技术 屋顶绿化，太阳能设备与建筑风貌的协调 LED 节能灯、太阳能路灯等 各种类型节水器具、雨水回收系统等

续表

重点要素		主要引导内容
大类	中类及小类	
设施环境控制	道路	交通量较大的地区或对外交通道路的断面及线型 村庄内部道路的路幅及线型 人行、机动车、非机动车道的功能划分，路面的边界，路面材料 乡间小路的铺面材质，乡间小路两侧斜坡排水
	桥梁	安全，原有桥梁的保留修缮，自然本土样式的采用
	广场铺装	广场铺装的材料、形式、色彩，外来、夸张的广场铺装的控制
	灯具	功能要求，使用尺度，与村镇风貌的协调
	景亭	当地材料的采用，与乡村环境的协调，外来风格景亭的控制，对于艳丽、夸张色彩的控制
	围墙（栅）	当地材料的采用，色彩与乡村环境的协调关系，围墙（栅）的通透性，繁杂样式的围墙（栅）的控制
	垃圾容器	本土材料的采用，与周围环境、色彩的协调，金属、塑料等材质的使用范围和规模，突兀色彩的控制
	古树名木保护	对古树名木的必要围护措施，古树名木标志物的设置，结合古树名木形成公共活动空间

3.6.4 分类引导

1. 类型划分

类型划分从两方面进行，一方面根据村庄的环境位置和发展诉求分为重点村庄和一般村庄；其中，重点村包括环长潭湖库区的村庄、重要交通廊道上的村庄、美丽乡村、传统村落的创建村，其余为一般村。具体村庄名单应在《黄岩区长潭湖地区村庄建设风貌总体规划》中予以确定。

另一个方面，根据地形地貌和村落特征，参照《浙江省村庄设计导则》分为平坡地村庄、山坡地村庄和滨水地村庄。

2. 控制引导

村庄的控制引导，按《长潭湖地区村庄建设风貌重点要素使用引导一览表》中的要求进行控制引导。

平坡地村庄、山坡地村庄和滨水地村庄控制引导的重点要求见《长潭湖地区村庄建设风貌重点要素使用引导一览表》。其中，平坡地村庄重点考虑用地集约性、天际轮廓线的适当变化及其与环境的协调等；山坡地村庄重点考虑村庄整体与山体的关系、道路和街巷的布局以及单体建筑坡地设计等；滨水地村庄重点考虑与水体的关系、滨水空间使用以及桥梁的控制引导等。

中篇 导则篇

4.1　整体营建特色

1. 风格特征

1) 整体布局

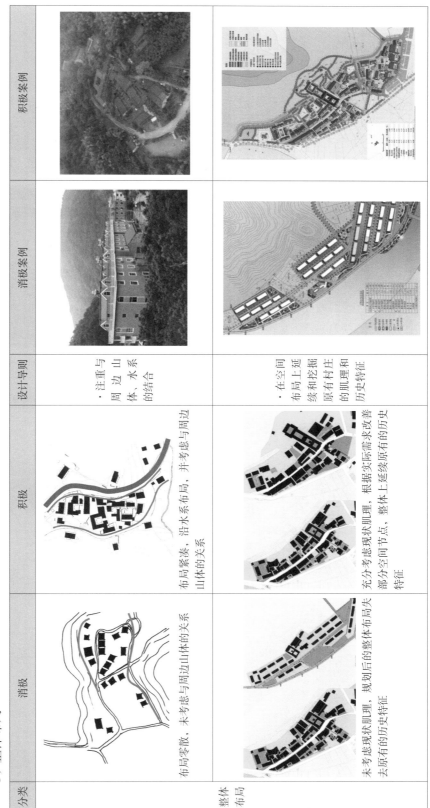

分类	消极	积极	设计导则	消极案例	积极案例
整体布局	布局零散，未考虑与周边山体的关系	布局紧凑、沿水系布局，并考虑与周边山体的关系	・注重与周边山体、水系的结合		
	未考虑现状肌理，规划后的整体布局失去原有的历史特征	充分考虑现状肌理，根据实际需求改善部分空间节点，整体上延续原有的历史特征	・在空间布局上延续和挖掘原有村庄的肌理和历史特征		

2) 风格意向

分类	消极	积极	设计导则	消极案例	积极案例
风格意向	 新建建筑的形式色彩与传统建筑的风貌不协调	 新建建筑的形式色彩与传统建筑的风貌相互协调	· 应尽可能对现有的传统建筑进行修缮，新建建筑的形式、色彩应与传统建筑相互协调		
	 在住宅建筑中使用玻璃幕墙表现外来欧式风格，与乡村环境不协调	 在传统建筑中使用玻璃材料对屋顶进行改造，以满足采光的需求，与乡村环境协调	· 鼓励在传统的形式下运用现代的材料进行创新，不能盲目模仿外来的建筑风格		

2. 主体街巷空间
1）整体结构

分类	消极	积极	设计导则	消极案例	积极案例
整体结构	未形成主体街巷空间。以机动车道路的线型空间为主，缺乏活力	通过各类景观节点，步行道形成丰富的主体街巷空间 （图例：硬质景观节点、软质景观节点、滨水步道、步行轴线、步行道透景方向）	·从点、线、面三个层次次营力打造活力主体街巷空间		
	主体街巷空间以机动车通行为主，未考虑与周边现有空间结构的关系	充分考虑既有的主体街巷空间结构，并在此基础上进行完善	·考虑与既有主体街巷空间的结构关系		

2）节点空间

分类		消极	积极	设计导则	消极案例	积极案例
节点空间		 未考虑现存空间条件，将原有的空间拆除后新建	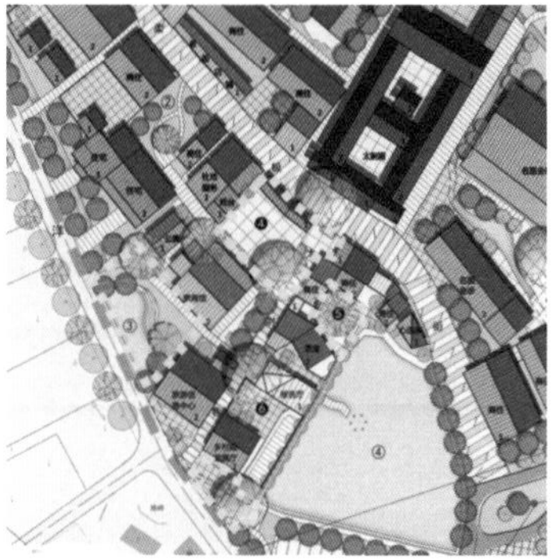 考虑现存空间条件，因地制宜，对其进行功能转型与再生	・考虑现存空间的功能再生		
		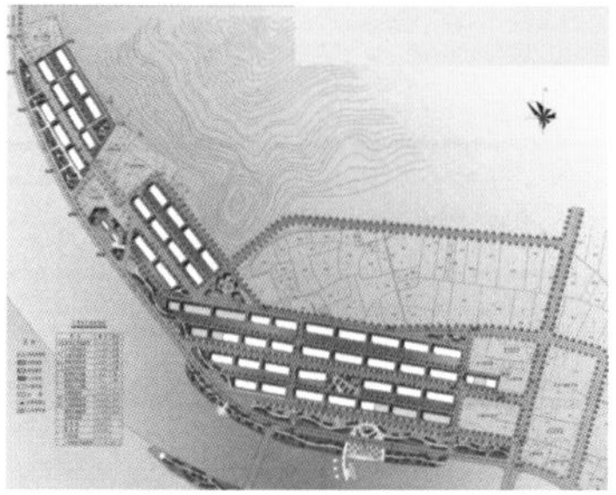 将现有建筑简单拆除，浪费资源的同时失去了原有的历史特征	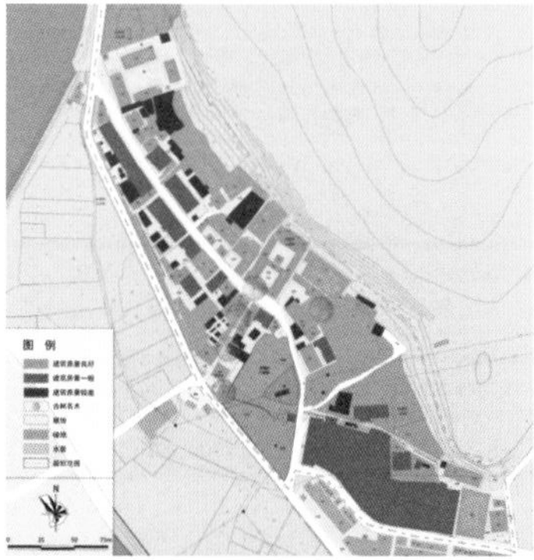 综合评价分析现有建筑，充分利用现有资源	・对历史建筑进行综合评价，从而区分富有价值的积极因素和有待改善的消极因素		

44

3）街巷空间

分类	消极	积极	设计导则	消极案例	积极案例
街巷宽度	 以机动车通行为主的大尺度街道	 主街　人行道 1m~1.5m　车行道 3m~7m　人行道 1m~1.5m 主巷　人车混行，以人为主 3m~5m	·承载村落公共活动的主街以宽度5~10米为宜，以步行为主的主街宽度应符合空间宜人的原则 ·承载邻里交往的主巷应考虑主要机动车单向通行，宽以3~5米为宜		

分类	消极	积极	设计导则	消极案例	积极案例
街巷尺度	$D/H>2$ 街巷的宽高比 $D/H>2$，失去围合感	$1<D/H<2$ 主要生活性街道高度与宽度比例匀称，尺度宜人 $D/H \leqslant 1$ 小尺度主巷空间，场所具有亲和力	· 主要生活性街道宽高比 $1<D/H<2$，沿街建筑体量不宜过大，建筑层数以不超过4层为宜 · 主巷可根据实际情况，宽高比 $D/H \leqslant 1$		

续表

分类	消极	积极	设计导则	消极案例	积极案例
街巷界面	街巷的界面单调，步行体验单调	街巷的界面丰富，吸引人驻足停留，步行体验愉悦	•以步行为主体的主街巷界面宜有适当的变化，创造丰富的空间层次，承载多样化的活动		
	街巷的界面封闭，步行体验单调乏味	街巷的公共界面视线通透，给步行者多样的视觉交流	•以步行为主体的主街巷的公共界面应保持视线的通透性，给步行者多样的视觉交流，增加街道的趣味		

3. 天际线

分类	消极	积极	设计导则	消极案例	积极案例
天际线	天际线单调，缺乏变化	村落中部分公共建筑的高度可以适当变化，形成有机变化的天际线	・天际线应考虑村落公共建筑的标志性		
	天际线变化突兀，与自然山体环境不协调	天际线有机变化，与自然山体环境相互协调	・天际线应与自然环境相协调		

4. 滨水空间

分类	消极	积极	设计导则	消极案例	积极案例
滨水空间	 在水源保护区内新建建筑	 新建建筑避开水源源保护区	·禁止在饮用水水源保护区内新建、扩建对水体污染严重的建设项目		
	 未积极利用现有水系，环境品质较差	 积极利用现有水系，并结合实际需求营造新的水系景观	·积极利用现有水系提升环境品质		

49

续表

分类	消极	积极	设计导则	消极案例	积极案例
滨水空间	 水塘周边未留出活动场地	 水塘周边留出部分活动场地供人休憩	·建议在水塘周边留出活动场地		
	 没有亲水空间	 通过草坡形成亲水空间。 通过步道形成亲水空间	·积极利用现有水系提升环境品质		

5. 单元空间

分类	消极	积极	设计导则	消极案例	积极案例
住宅院落	未形成院落单元空间，没有空间分割，界面单调	通过绿化、围墙等形成院落单元空间	• 建议通过绿化、围墙、底层连廊等形成院落空间，形成住宅公共与私密空间，形成住宅公共与街道公共空间之间的过渡空间，丰富空间层次		
	视线不通透，院墙阻挡邻里交往	视线通透的院墙，促进邻里交往	• 建筑的院墙应当保持适当的视线通透，促进邻里交往		

4.2 单体建筑特征

1. 屋顶

分类		消极	积极	设计导则	消极案例	积极案例
形式		平屋顶	坡屋顶	·在传统建筑集聚地区,建议采用各种类型的坡屋面,包括单坡、双坡或四坡等屋顶		
		室内空间　室外空间	室内空间　过渡空间　室外空间	·建议屋顶檐口有一定出挑,形成建筑外部过渡空间		

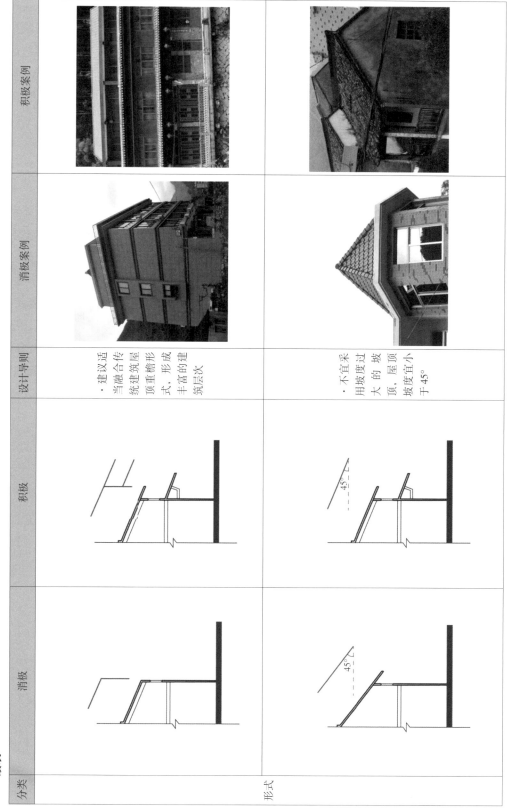

续表

分类	形式	消极	积极	设计导则	消极案例	积极案例
				·建议适当融合传统建筑屋顶重檐形式，形成丰富的建筑层次		
				·不宜采用坡度过大的坡顶，屋顶坡度宜小于45°		

续表

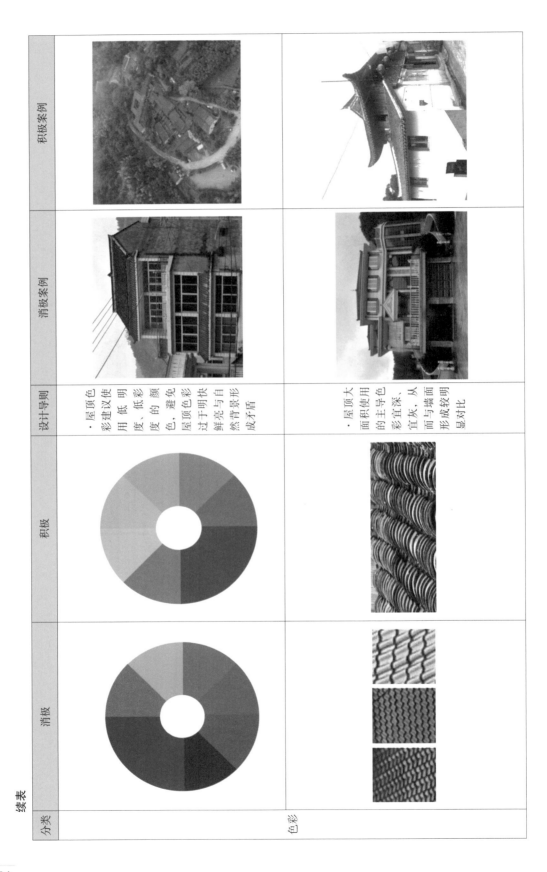

分类	消极	积极	设计导则	消极案例	积极案例
色彩			·屋顶色彩建议使用明度低、彩度低的颜色，避免屋顶色彩过于明快鲜艳与自然背景形成矛盾		
			·屋顶大面积使用的主导色彩宜灰、深，从而与墙面形成较明显对比		

2. 墙体

分类	消极	积极	设计导则	消极案例	积极案例
形式			· 院落围墙建议采用低矮开放的形式		
			· 建筑墙面应避免无单调，宜适当融入地方传统建筑要素，形成具有乡土特色的墙体形式		

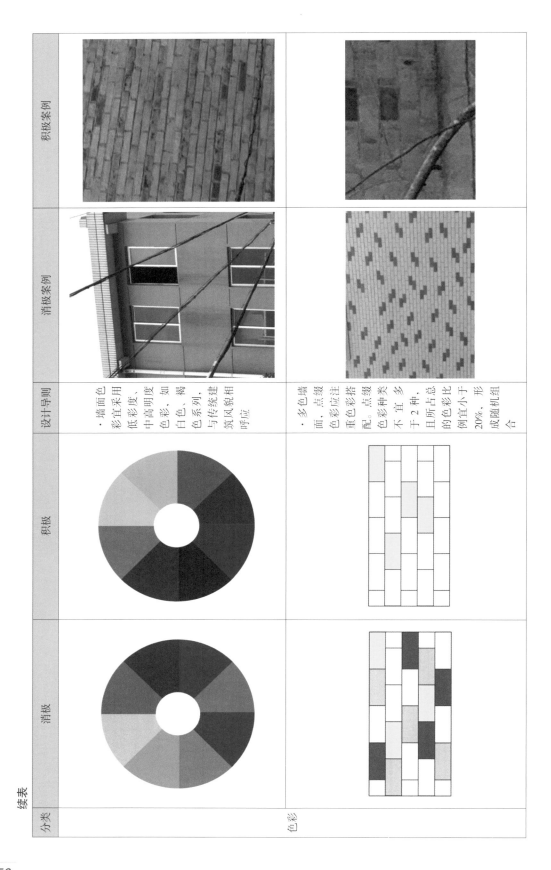

续表

分类	消极	积极	设计导则	消极案例	积极案例
色彩			·墙面色彩宜采用低彩度、中高明度，如褐色、白色系列，与传统建筑风貌相呼应		
			·多色墙面，点缀色应注重色彩搭配。点缀色种类多不宜于2种，且所占的色彩比例宜小于20%，成随机组合		

56

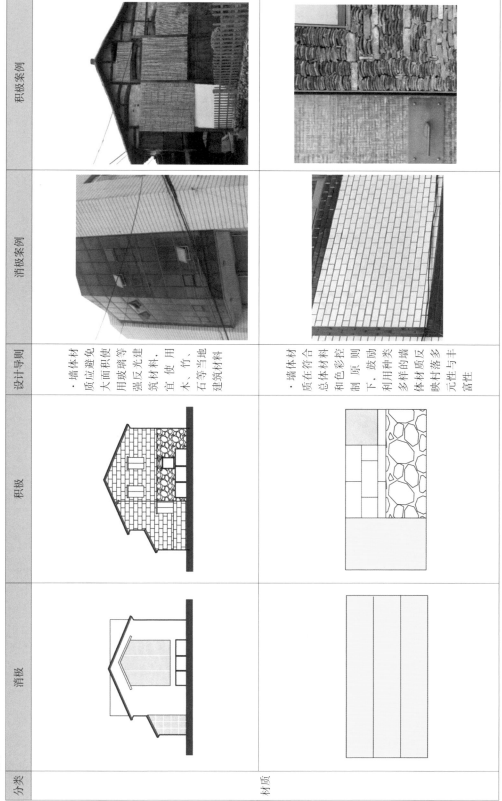

分类	消极	积极	设计导则	消极案例	积极案例
材质			·墙体材质应避免使用大面积玻璃等强反光材料，宜使用竹、木、石等当地建筑材料		
			·墙体材质在符合总体材料和色彩控制原则下，鼓励利用多样种类的墙体质质反映村落多元性与丰富性		

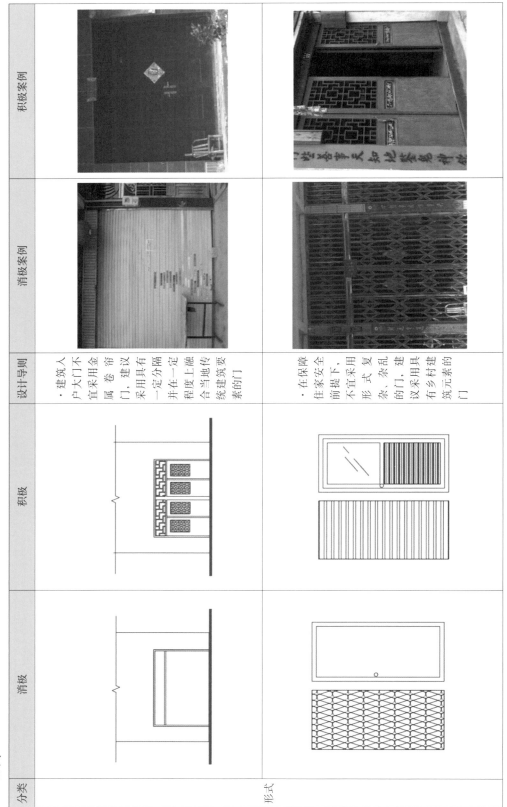

分类	消极	积极	设计导则	消极案例	积极案例
形式			·建筑入户大门不宜采用金属卷帘门，建议采用具有一定分隔并在一定程度上融合当地传统建筑要素的门		
			·在保障住家安全前提下，不宜采用形式杂乱的门，建议采用具有乡村建筑元素的门		

3.门

分类	消极	积极	设计导则	消极案例	积极案例
形式			·门的样式不宜采用西式风格，宜采用传统乡村风格		
			·门上檐口形式不宜单调采用板，宜在一定程度上融合传统建筑形式		

分类	消极	积极	设计导则	消极案例	积极案例
色彩	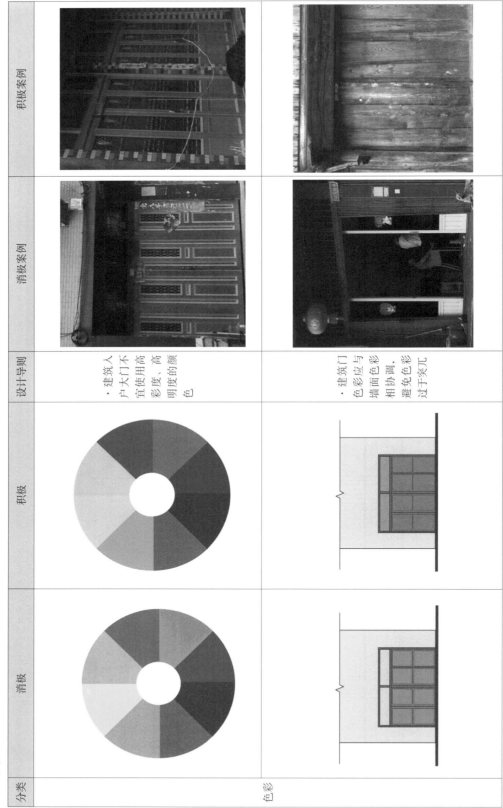		・建筑入户大门不宜使用高彩度、高明度的颜色 ・建筑门窗色彩应与墙面色彩相协调,避免色彩过于突兀		

续表

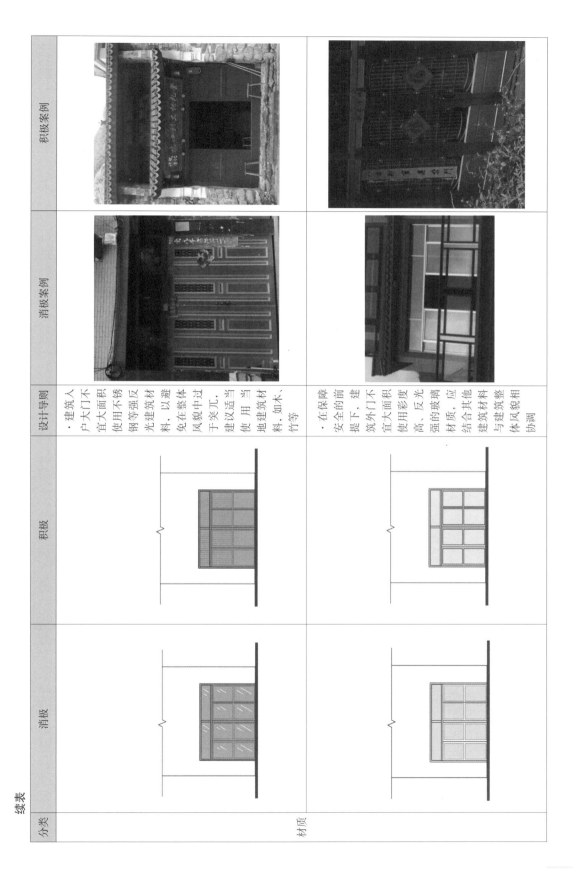

分类	消极	积极	设计导则	消极案例	积极案例
材质			·建筑入户大门不宜大面积使用不锈钢等强反光建筑材料,以避免在整体风貌中过于突兀,建议适当使用当地建筑材料,如木、竹等		
			·在保障安全的前提下,建筑外门不宜大面积使用彩度高、反光强的玻璃材质,应结合其他建筑材料与建筑整体风貌相协调		

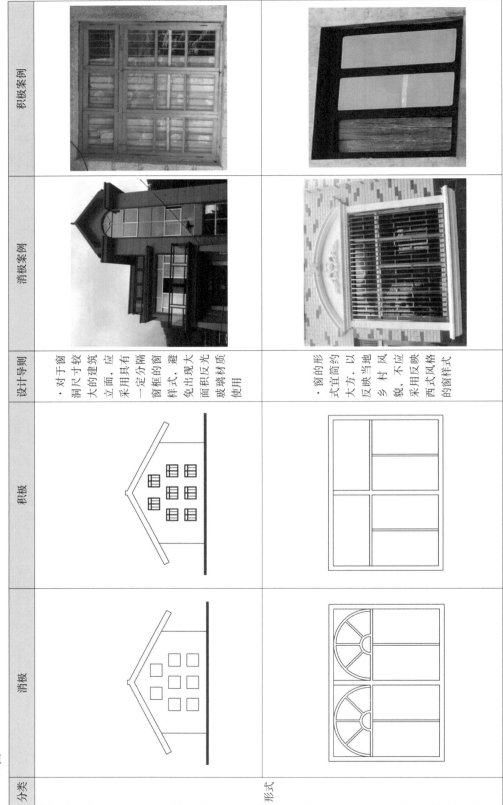

分类		消极	积极	设计导则	消极案例	积极案例
4.窗	形式			·对于窗洞尺寸较大的建筑，应采用具有一定分隔的窗框式样，避免出现大面积反光玻璃材质使用		
				·窗的形式宜简约大方，以反映当地乡村风貌，不应采用西式风格的窗样式		

续表

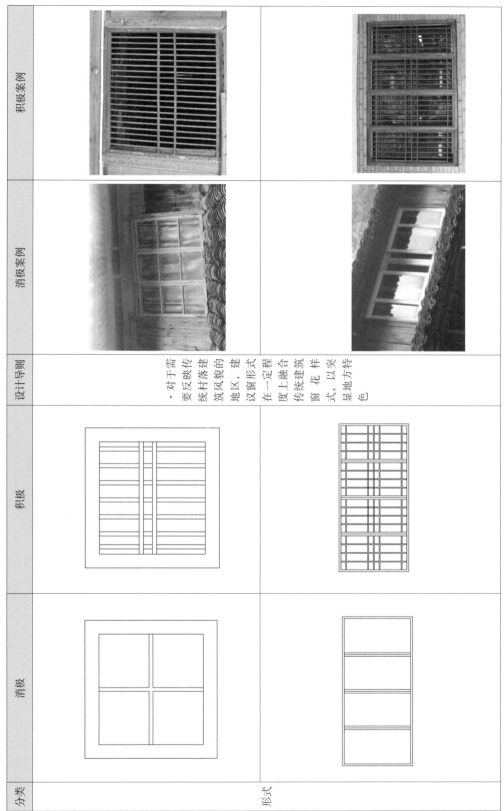

分类	消极	积极	设计导则	消极案例	积极案例
形式			·对于需要反映传统村落风貌的地区，建议窗形式在一定程度上融合传统建筑窗花样式，以突显地方特色		

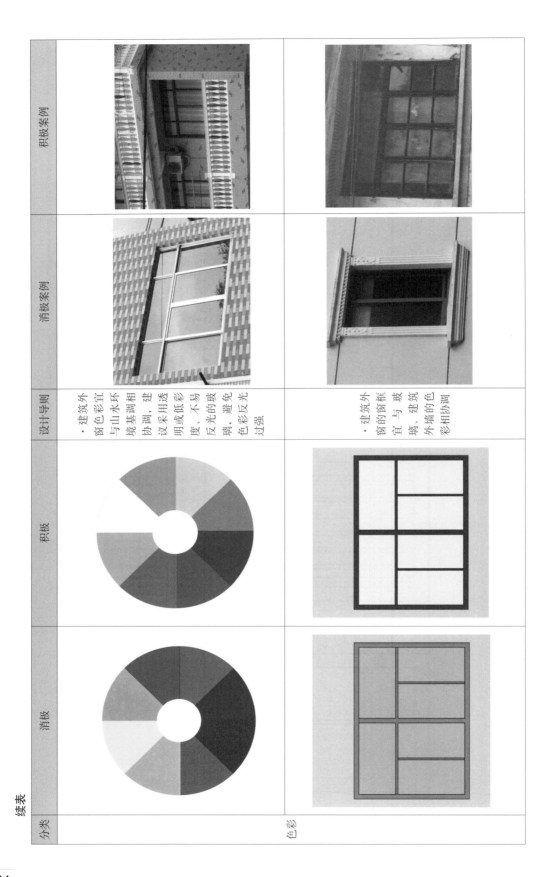

分类	消极	积极	设计导则	消极案例	积极案例
色彩			·建筑外窗色彩宜与山水环境基调相协调，建议采用低明度或透光不易反光的玻璃，避免色彩反光过强		
			·建筑外窗的窗框宜与玻璃、建筑外墙的色彩相协调		

续表

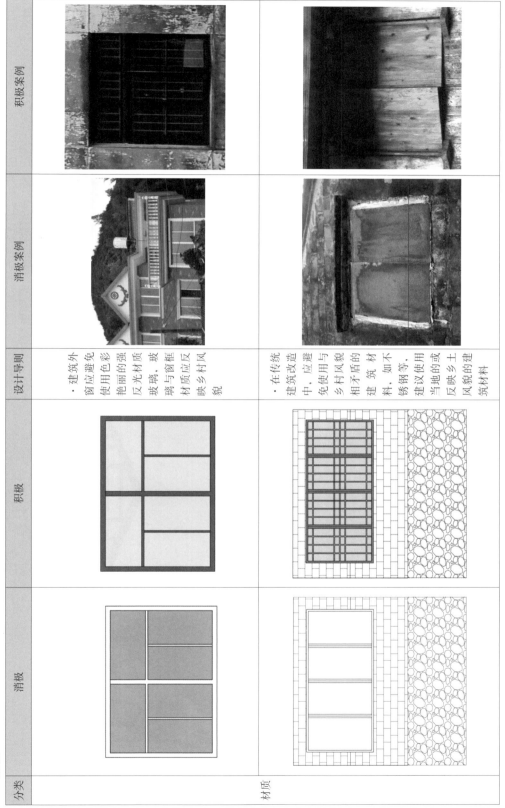

分类	消极	积极	设计导则	消极案例	积极案例
材质			·建筑外窗应避免使用色彩艳丽的强反光材质，玻璃与窗框材质应反映乡村风貌		
			·在传统建筑改造中，应避免使用与乡村风貌相矛盾的建筑材料，如不锈钢等，建议使用当地的或反映乡土风貌的建筑材料		

5. 重要建筑构件

分类		消极	积极	设计导则	消极案例	积极案例
形式				·重要建筑构件如柱、梁等不宜采用反映西方风格的样式，其形式应大方，简洁，反映本土地方风貌		
				·重要构件应采用避免采用单调的建筑构件样式，应反映乡村特色风貌		

续表

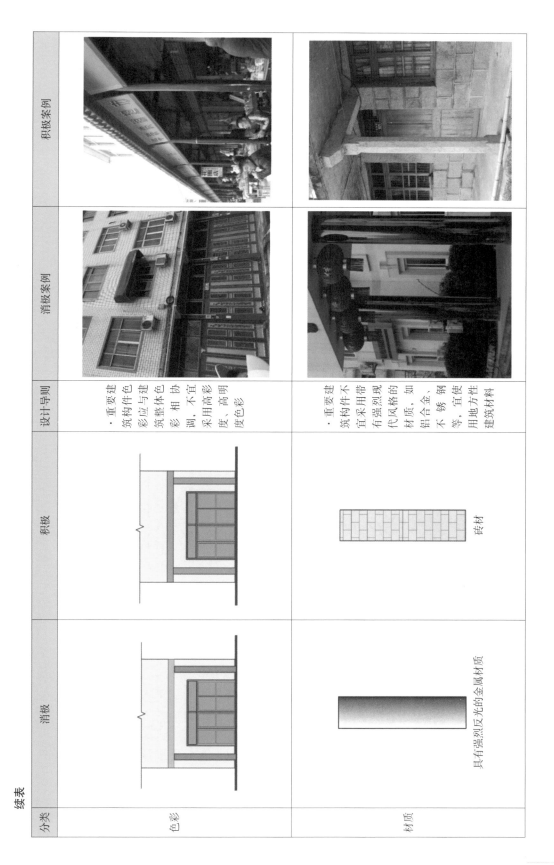

分类	消极	积极	设计导则	消极案例	积极案例
色彩			·重要建筑构件色彩应与建筑整体色彩相协调，不宜采用高彩度、高明度色彩		
材质	具有强烈反光的金属材质	砖材	·重要建筑构件不宜采用带有强烈现代风格的材质，如铝合金、不锈钢等，宜使用地方性建筑材料		

6. 装饰构件

分类	消极	积极	设计导则	消极案例	积极案例
形式			· 装饰构件不应使用西式风格构件，其形式应反映本土建筑风貌		
			· 装饰构件不应使用单调、乏味的构件形式，避免呈现无特色的建筑风貌，宜采用乡土特色形式，反映乡村建筑风貌		

续表

分类	消极	积极	设计导则	消极案例	积极案例
色彩	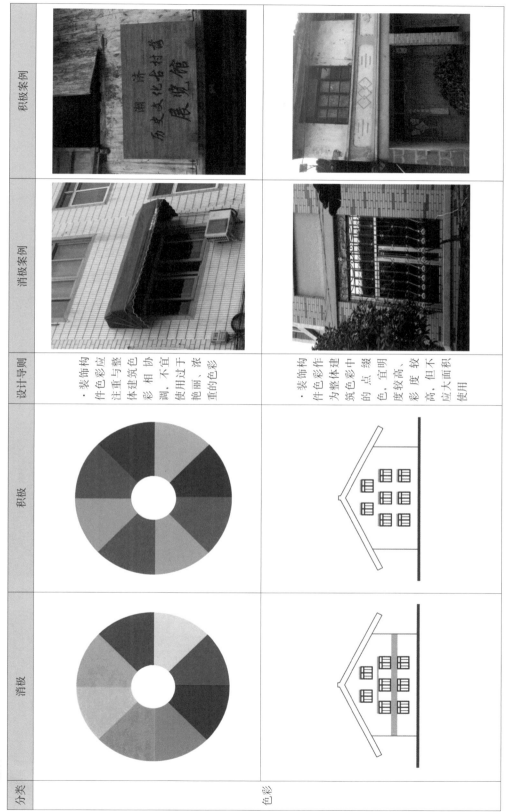		・装饰构件色彩应注重与建筑整体色彩相协调，不宜使用过于艳丽、浓重的色彩		
			・装饰色彩作为整体建筑色彩中的点缀色，宜明度较高、彩度较高，但不应大面积使用		

69

分类	消极	积极	设计导则	消极案例	积极案例
材质	具有强烈反光效果的金属材质	砖、瓦、石材等地方建筑材料	·装饰构件不宜使用具有强烈反光效果的建筑材料，如不锈钢、铝合金等		

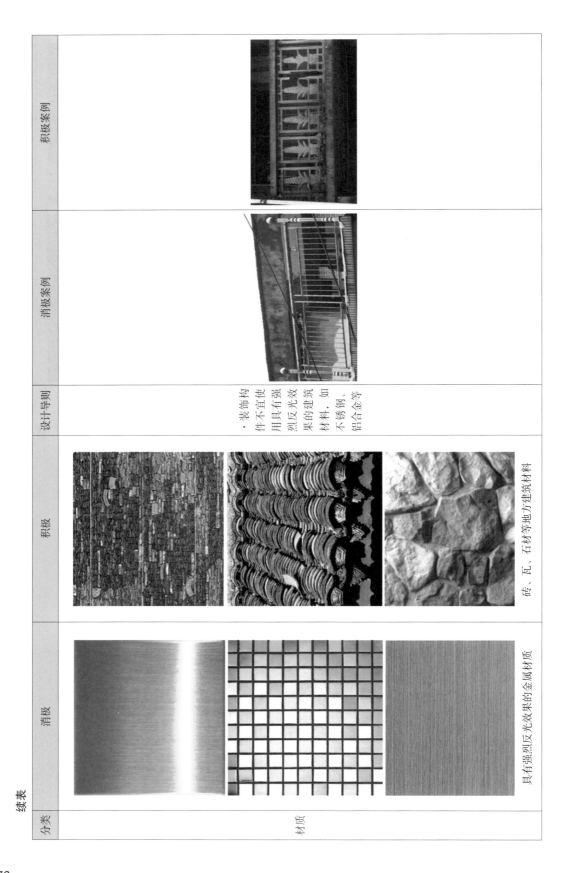

分类	消极	积极	设计导则	消极案例	积极案例
建筑节能技术	（1聚合物水泥石灰砂浆 界面剂 2钢筋混凝土 界面剂 3聚合物水泥腻子 防水腻子 乳胶漆或涂料 外 内）	（1聚合物水泥石灰砂浆 界面剂 2加气混凝砌块 界面剂 3保温材料 界面剂 4聚合物水泥砂浆 防水砂浆 乳胶漆或涂料 外 内）	·墙体材料应使用当地建筑材料，并可选用加气混凝土材料、孔洞率高的墙材、孔洞较高的多孔砖或空心砌砖作为自保温节能墙体，并增加外保温层		
			·门窗相对位置及开启方式应重视组织建筑内部通风，并建议采用玻璃贴膜、塑钢窗框等经济简便的节能门窗技术		

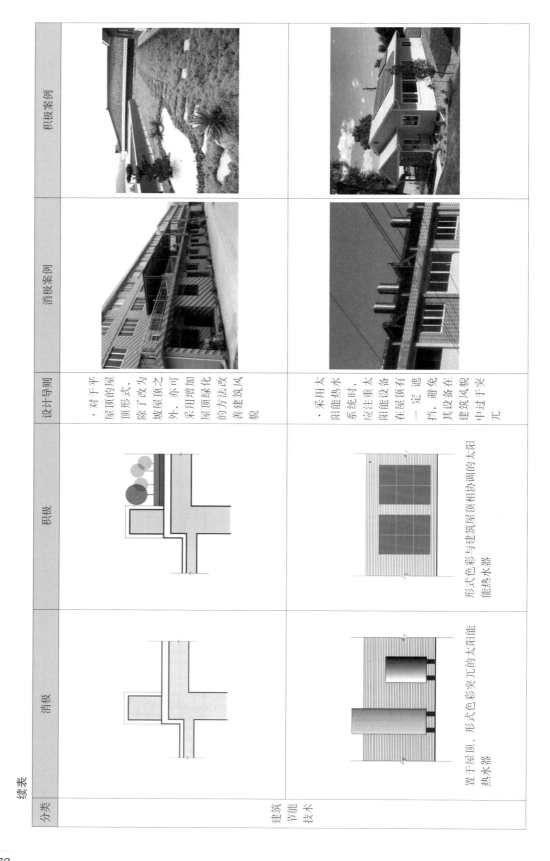

分类	消极	积极	设计导则	消极案例	积极案例
建筑节能技术	置于屋顶、形式色彩突兀的太阳能热水器	形式色彩与建筑屋顶相协调的太阳能热水器	·对于平屋顶的屋顶形式，除了改为坡屋顶之外，亦可采用增加屋顶绿化的方法改善建筑风貌 ·采用太阳能热水系统时，应注重太阳能设备在屋顶有一定遮挡，避免其设备在建筑风貌中过于突兀		

分类	消极	积极	设计导则	消极案例	积极案例
建筑节能	—	太阳能路灯意向图片 LED灯意向图片	·照明设备建议采用 LED 节能灯、太阳能路灯等技术降低能耗	—	
			·建议增加非传统水源利用设施，采用各种类型节水器、小型雨水回收系统等		

4.3 设施环境

1. 道路桥梁

分类	消极	积极	设计导则	消极案例	积极案例
道路	道路没有根据功能需求进行不同铺面处理	根据功能需求进行不同铺面处理 根据功能需求进行不同铺面路断面	·建议根据功能需求，划分人行、机动车、非机动车道，其路面宜以不同铺面作为收边处理		
	不透水的路面材质（水泥）	透水的路面材质 30厚1:3干硬水泥砂浆结合层 80厚C15素混凝土垫入基层 100厚碎石垫层 素土夯实	·除了主要道路铺设沥青之外，一般乡间小路宜用自然的石材、植草砖、碎石等透水性强的铺面材质，并利用两侧斜坡自然排水		

74

分类	消极	积极	设计导则	消极案例	积极案例
道路	 村庄内外均采用了宽敞笔直的道路，没有加以区分	 路幅根据交通量情况不同而变化	· 路幅与限速根据具体情况而设计：交通量较大的地区或对外交通道路宜较为宽敞笔直；而在村庄住区内部，则应根据地形条件设计为自然弯曲且路幅较小的道路		

续表

分类	消极	积极	设计导则	消极案例	积极案例
桥梁	交通量较大的桥梁两侧，缺少安全牢固的护栏	交通量较大的桥梁两侧，设有安全牢固的护栏	· 桥梁设计应符合安全牢固的要求。 · 鼓励保留修缮原有桥梁，材料样式以自然、本土为佳。鼓励形式多样化，如拱桥、汀步桥等，但应避免外来化、今张化和仿古的处理手法		

2. 广场节点

分类	消极	积极	设计导则	消极案例	积极案例
广场铺装	简单重复的广场铺装样式	富有变化的铺装样式	·铺地数砌采用当地材料，避免过于规整的形态和呆板单调的处理手法。色彩与乡村环境相协调，避免色彩饱和度过高		

3. 景观设施

分类	消极	积极	设计导则	消极案例	积极案例
灯具			·选择符合功能需求和使用者尺度的灯具，如在乡村内道路、步行道路合选择符合行人尺度的灯具 ·避免采用造型夸张、不符合乡村风貌的城市景观灯具		

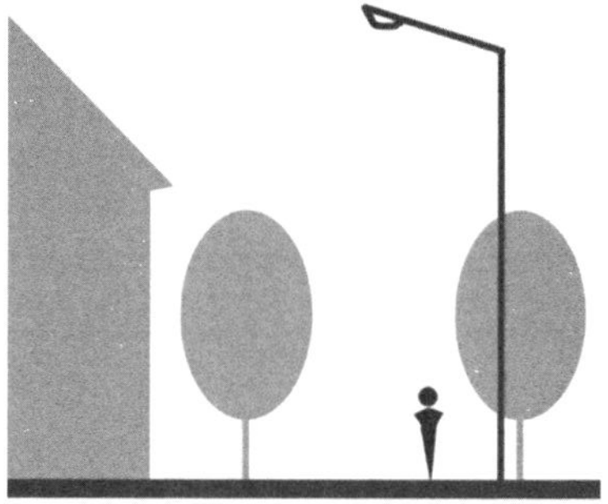

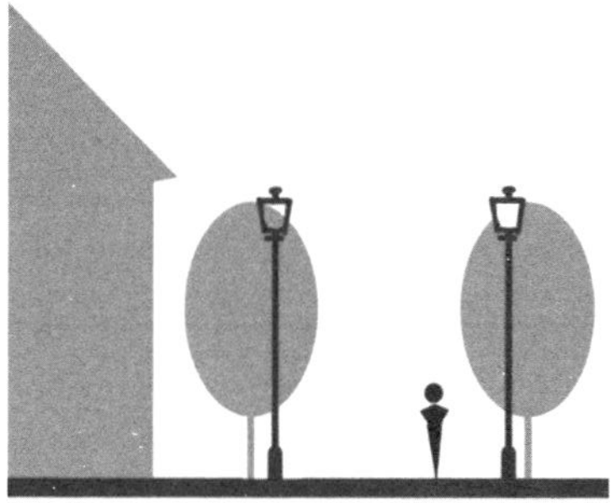

78

分类	消极	积极	设计导则	消极案例	积极案例
景亭	外来风格（欧式）的石亭子	当地材料（竹木）的亭子	·鼓励利用当地资源，采用当地材料 ·避免脱离当地文脉的仿古和装饰形式，风格样式以简洁明快为佳 ·色彩与乡村环境相协调，避免彩度过高		

4. 维护设施

分类	消极	积极	设计导则	消极案例	积极案例
围墙（栅）	栅栏样式过于繁杂	栅栏样式简洁，材料自然	・鼓励采用当地材料 ・避免采单板采调的处理手法和过重的人工痕迹 ・色彩与乡村环境相协调		
	院墙完全遮挡了视线	院墙具有通透性	・院墙设计具有低矮、通透的开放性，主入口的庭院一般种植有不阻得视线的小树、花木和草坪		

5. 卫生设施

分类	消极	积极	设计导则	消极案例	积极案例
垃圾容器			・使用本土材料如木、石等，避免金属、塑料等材质过多出现 ・垃圾容器和周围环境色彩协调		

6. 古树名木

分类	消极	积极	设计导则	消极案例	积极案例
古树名木保护	新建房屋紧邻古树建造，无法形成开放空间。	对古木进行围护，利用古木形成公共活动的空间。	·建议对古树名木采取必要的围护措施，并设置标志物。鼓励利用古树名木形成开放性公共空间，如广场等。		

第 5 章 村庄建设风貌构件样式菜单

5.1 屋顶

屋顶	现状照片				
		>0.6m 30°~40°	30°~45°	30°~50°	30°~50° 1%~3%
推荐样式及编号	WD-01	WD-02	WD-03	WD-04	WD-05
推广运用建议	30°~40°	≥0.6m 30°~40°		35°~50° 25°~35°	30°~50° 1%~3%

5.2 墙体

墙体	现状照片	推荐样式及编号	推广运用建议
		QT-01	墙体、铺地、门、窗、栏杆
		QT-02	墙体、铺地
		QT-03	墙体、铺地
		QT-04	墙体、门、窗、铺地、栏杆

84

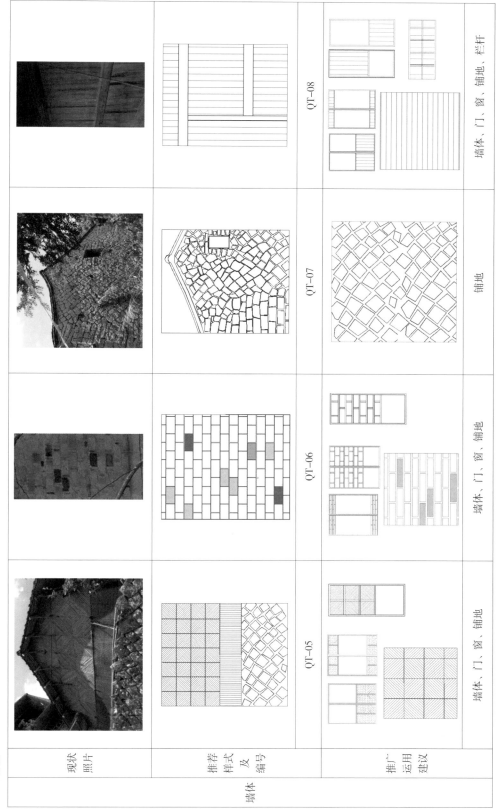

5.3 门

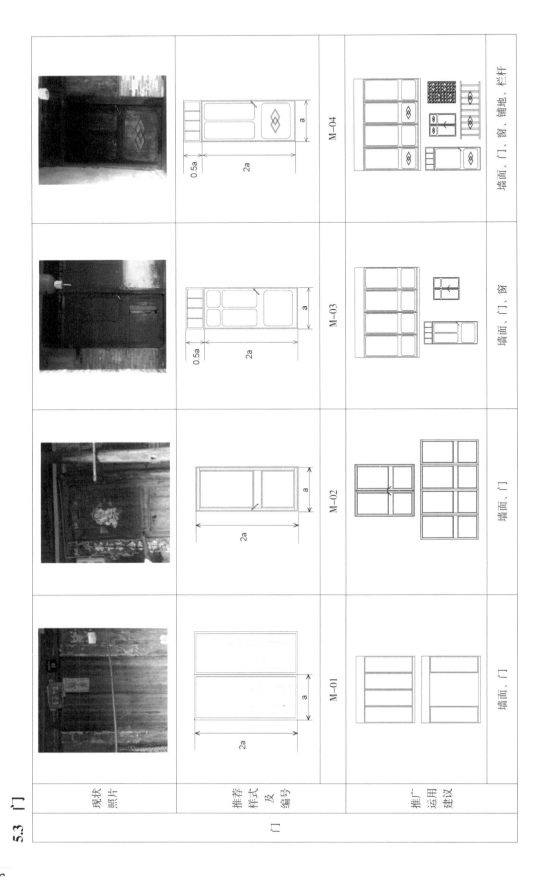

	M-01	M-02	M-03	M-04
现状照片				
推荐样式及编号				
推广运用建议	墙面、门	墙面、门	墙面、门、窗	墙面、门、窗、铺地、栏杆

门

续表

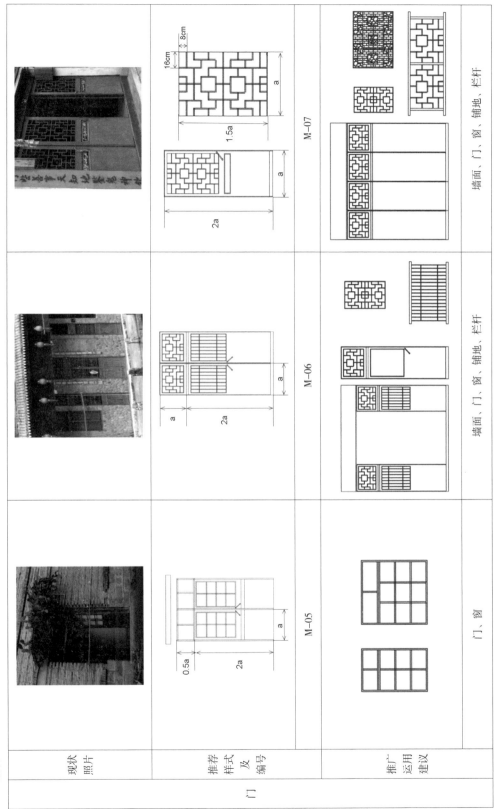

	现状照片	推荐样式及编号	推广运用建议
门		M-05	门、窗
		M-06	墙面、门、窗、铺地、栏杆
		M-07	墙面、门、窗、铺地、栏杆

	CH-01	CH-02	CH-03	CH-04	CH-05
现状照片					
推荐样式及编号					
推广运用建议	门、窗、栏杆	墙面、门、窗、栏杆	墙面、门、窗、铺地、栏杆	墙面、门、窗、铺地	门、窗、栏杆

续表

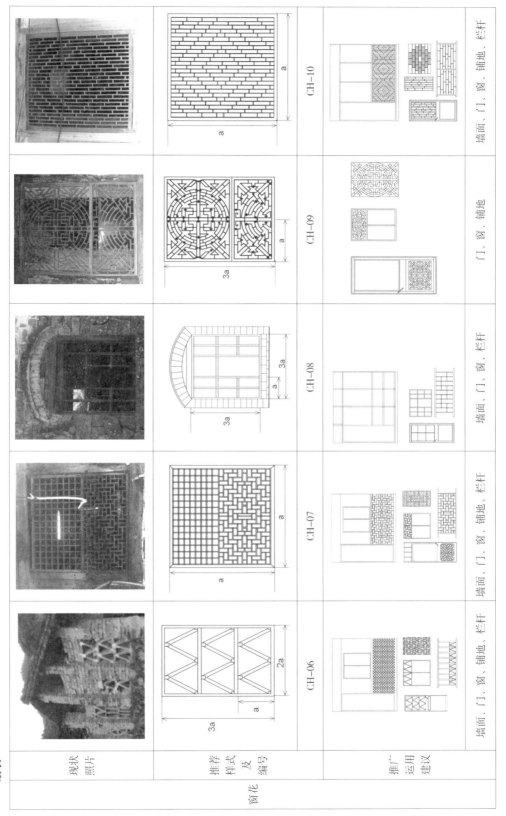

	CH-06	CH-07	CH-08	CH-09	CH-10
窗花 现状照片					
推荐样式及编号					
推广运用建议	墙面、门、窗、铺地、栏杆	墙面、门、窗、铺地、栏杆	墙面、门、窗、栏杆	门、窗、铺地	墙面、门、窗、铺地、栏杆

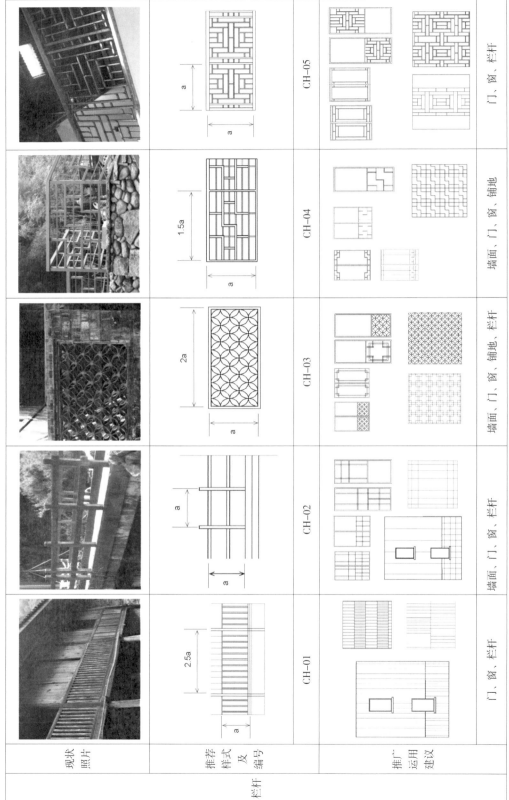

5.5 栏杆

现状照片	推荐样式及编号	推广运用建议
	CH-01	门、窗、栏杆
	CH-02	墙面、门、窗、栏杆
	CH-03	墙面、门、窗、铺地、栏杆
	CH-04	墙面、门、窗、铺地
	CH-05	门、窗、栏杆

栏杆

5.6 铺地

现状照片	推荐样式及编号	推广运用建议
	PD-06 1m	墙体、门、窗、铺地、栏杆
	PD-05 1m	墙体、铺地
	PD-04 1m	铺地
	PD-03 1m	墙体、铺地
	PD-02 1m	墙体、铺地
	PD-01 1m	墙体、门、窗、铺地、栏杆

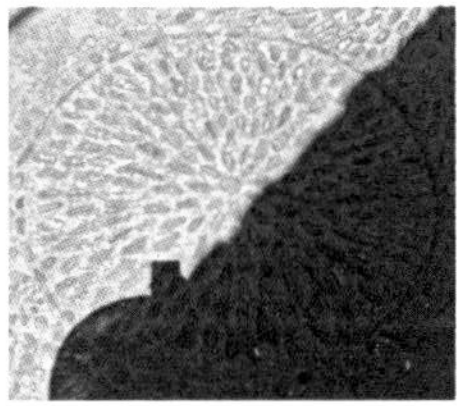

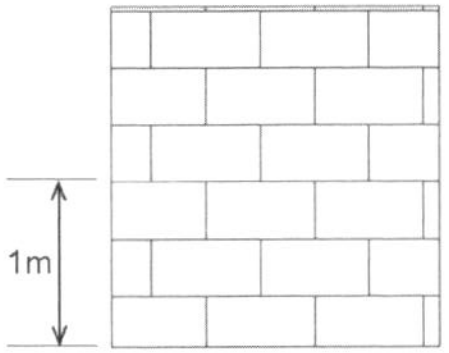

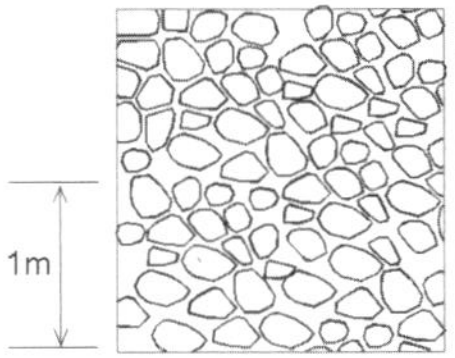

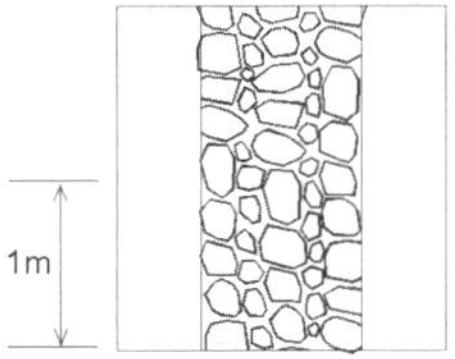

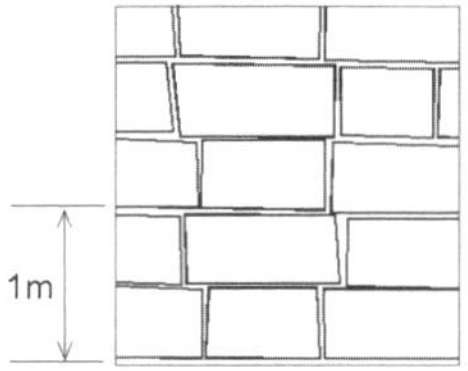

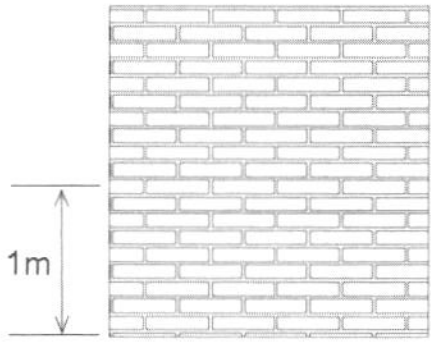

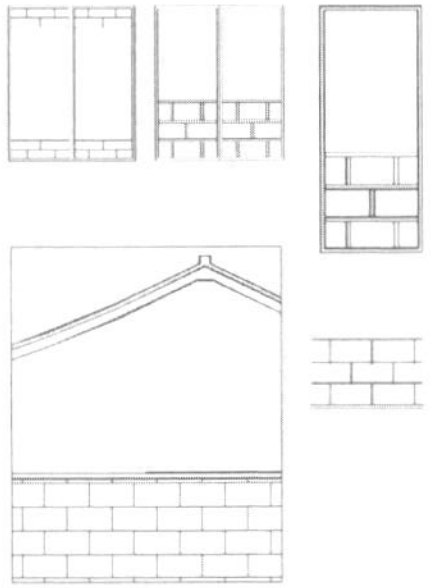

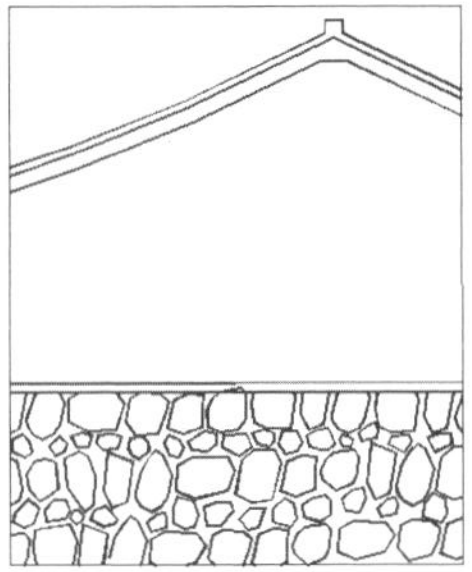

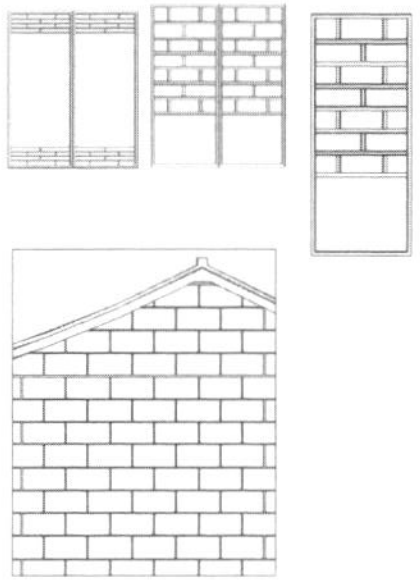

铺地

第 6 章　村庄建设风貌重点要素管控建议

6.1　村庄建设风貌重点要素的管控建议

表 6-1　　　　　　　　　　　　长谭湖地区村庄建设风貌重点要素管控建议一览表

要素类型		管控建议						
大类	小类	主要使用方式	强制使用	选择使用	强制不使用	平坡地村庄	山坡地村庄	滨水地村庄
一、整体营建特色								
风格特征	整体布局	布局紧凑	√			√	√	√
		考虑与山体的关系	√				√	
		考虑与水系的关系	√					√
		尊重现状肌理、历史特征	√			√	√	√
		局部行列式		√		√		
	风格意向	对传统建筑进行修缮，新建建筑与传统建筑风貌协调	√			√	√	√
		鼓励用现代材料表达传统形式、地方形式		√		√	√	√
		盲目模仿外来建筑风格，如欧式风格			√			
主体街巷空间	整体结构	通过点线面，形成主体街巷空间	√			√	√	√
	节点空间	不考虑现存空间的价值，大面积拆除，推倒新建		√				
		利用现存空间，因地制宜，进行功能转型与再生		√		√	√	√
	街巷宽度	主街宽度 5~10 米，承载村落公共活动		√		√	√	√
		主巷宽度 3~5 米，承载邻里交往，应主要考虑机动车单向通行		√		√	√	√
		以步行为主的街巷，应符合空间宜人的原则		√		√	√	√
	街巷比例	主要生活性街巷宽高比 $1 < D/H < 2$		√		√	√	√
		主巷可根据实际情况，宽高比 $D/H \leqslant 1$		√		√	√	√
		主要生活性街道沿街建筑体量不宜过大，建筑层数不宜超过 4 层		√		√	√	√
	街巷界面	以步行为主的主体街巷界面应当富有变化、空间层次丰富		√		√	√	√
		以步行为主的主体街巷界面应保证视觉通透性		√		√	√	√
	天际线	天际线适当变化，与环境相协调		√		√	√	√
		天际线突出村落公共建筑		√		√	√	√
		天际线呆板单调			√			

续表

要素类型		管控建议						
大类	小类	主要使用方式	强制使用	选择使用	强制不使用	平坡地村庄	山坡地村庄	滨水地村庄
滨水空间		在水源保护区内新建建筑			✓			
		积极利用现有水系提升环境品质	✓					✓
		水塘周边留出部分活动场地供人休憩		✓				✓
		通过草坡形成亲水空间		✓				✓
		通过步道形成亲水空间		✓				✓
单元空间		通过绿化、围墙、底层连廊等形成院落空间		✓		✓	✓	✓
		院落作为住宅私密空间到街巷公共空间之间的过渡空间		✓		✓	✓	✓
		院墙应保持适当的视线通透，促进邻里交往		✓		✓	✓	✓
二、单体建筑特征								
屋顶	形式	在传统建筑集聚地区，采用各种类型的坡屋面	✓			✓	✓	✓
		屋顶檐口有一定出挑，形成建筑外部过渡空间		✓		✓	✓	✓
		采用地方传统建筑中的屋檐形式		✓		✓	✓	✓
		采用坡度大于45°的屋顶			✓			
		檐口形式适当融合传统建筑形式		✓		✓	✓	✓
		门上檐口采用单调呆板的形式			✓			
	色彩	采用过于明亮鲜艳的色彩			✓			
		采用与自然背景不协调的色彩			✓			
		采用深（灰）色主导色彩，与墙面形成对比		✓		✓	✓	✓
	材质	采用大面积使用玻璃等强反光建筑材料			✓			
墙体	形式	采用低矮开放的院落围墙		✓		✓	✓	✓
		采用形式单调的墙体			✓			
		采用融入地方传统建筑要素的墙体		✓		✓	✓	✓
	色彩	采用低彩度、中高明度色彩、如灰白色、褐色系等		✓		✓	✓	✓
		采用与传统建筑风貌相呼应的色彩	✓			✓	✓	✓
		采用多色混合式墙面		✓				
		多色混合式墙面的点缀色彩多于2种			✓			
		多色混合式墙面的点缀色彩的面积比例大于20%			✓			
		多色混合式墙面的点缀色彩分布自由		✓		✓	✓	✓
	材质	采用大面积玻璃幕墙			✓			
		采用强反光建筑材料			✓			
		采用木、竹、石等当地建筑材料		✓		✓	✓	✓
		采用种类多样的墙体材质		✓		✓	✓	✓

续表

要素类型		管控建议						
大类	小类	主要使用方式	强制使用	选择使用	强制不使用	平坡地村庄	山坡地村庄	滨水地村庄
门	形式	建筑入户大门采用金属卷帘门			✓			
		建筑入户大门适当分隔，融合当地传统建筑要素	✓			✓	✓	✓
		采用样式杂乱的门			✓			
		采用西式风格的门			✓			
	色彩	采用高彩度、高明度颜色的门			✓			
		采用与墙面色彩相协调的门	✓			✓	✓	✓
	材质	大面积采用不锈钢等强反光建筑材料			✓			
		采用当地材料，如木、竹等	✓			✓	✓	✓
窗	形式	采用单个窗扇面积过大的窗			✓			
		对面积较大的窗进行分割	✓			✓	✓	✓
		采用反映西式风格的窗样式			✓			
		采用形式简约大方、反映当地乡村风貌的窗	✓			✓	✓	✓
		在需要反映传统村落建筑风貌的地区，采用融合传统建筑窗花样式的窗	✓			✓	✓	✓
	色彩	采用低彩度建筑外窗		✓		✓	✓	✓
		采用色彩艳丽、强反光玻璃			✓			
		采用与山水环境基调相协调的色彩	✓			✓	✓	✓
		窗户、窗框采用与建筑外墙相协调的色彩	✓			✓	✓	✓
	材质	建筑外窗采用透明玻璃		✓				
		采用艳丽、反光过强的玻璃以及窗框材质			✓			
		传统建筑改造中，采用与乡村风貌相矛盾的建筑材料			✓			
		传统建筑改造中，采用当地的或反映乡土风貌的建筑材料	✓			✓	✓	✓
重要建筑构件	形式	重要建筑构件采用西方风格形式			✓			
		重要建筑构件采用呆板单调的形式			✓			
		重要建筑构件采用反映乡村特色的形式	✓			✓	✓	✓
	色彩	重要建筑构件采用高明度、高彩度色彩			✓			
	材质	重要建筑构件采用强烈反光的金属材质			✓			
		重要建筑构件采用地方建筑材质	✓			✓	✓	✓
装饰构件	形式	装饰构件采用西式风格			✓			
		装饰构件采用本土建筑风貌	✓			✓	✓	✓
		装饰构件形式单调乏味			✓			
	色彩	装饰构件采用过于艳丽、浓重的色彩			✓			
		装饰构件采用与建筑整体相协调的色彩	✓			✓	✓	✓
		局部采用高明度、高彩度装饰构件		✓		✓	✓	✓
	材质	装饰构件采用强反光的材质			✓			

续表

要素类型		管控建议						
大类	小类	主要使用方式	强制使用	选择使用	强制不使用	平坡地村庄	山坡地村庄	滨水地村庄
建筑技术		采用自保温节能墙体		√		√	√	√
		采用外保温墙体		√		√	√	√
		通过门窗组织建筑内部通风		√		√	√	√
		采用经济简便的节能门窗技术		√		√	√	√
		采用屋顶绿化		√		√	√	√
		太阳能设备与建筑风貌冲突			√			
		采用 LED 节能灯、太阳能路灯等		√		√	√	√
		采用各种类型节水器具、雨水回收系统等		√		√	√	√
三、设施环境								
道路桥梁	道路	结合功能划分人行、机动车、非机动车道		√		√	√	√
		路面形成明确的边界		√		√	√	√
		采用沥青路面		√		√	√	√
		乡间小路采用自然的、透水性强的铺面材质		√		√	√	√
		乡间小路采用两侧斜坡自然排水		√		√	√	√
		交通量较大的地区或对外交通道路采用较为宽敞顺畅的道路		√		√	√	√
		村庄内部采用路幅较小的道路，线性因地制宜、自然弯曲		√		√	√	√
	桥梁	桥梁采用安全、牢固的设计	√					√
		交通量较大的桥梁两侧，缺少安全牢固的护栏			√			
		交通量较大的桥梁两侧，设有安全牢固的护栏	√					√
		保留修缮原有桥梁		√				√
		桥梁材料样式采用自然本土样式		√				√
		采用形式多样的桥梁		√				√
广场节点		采用外来、夸张的广场铺装			√			
		采用单调重复的广场铺装			√			
		采用自然有机、富有变化的广场铺装		√		√	√	√
景观设施	灯具	采用符合功能需求的灯具		√				
		采用符合使用尺度的灯具		√				
		采用造型夸张、不符合乡村风貌的灯具			√			
	景亭	采用外来风格景亭，如欧式等			√			
		采用脱离当地文脉的景亭			√			
		采用简单仿古景亭			√			
		景亭采用当地材料，如竹木等		√		√	√	√
		景亭风格简洁明快		√				
		景亭色彩与乡村环境相协调		√		√	√	√
		景亭色彩过于艳丽、夸张			√			

要素类型		管控建议						
大类	小类	主要使用方式	强制使用	选择使用	强制不使用	平坡地村庄	山坡地村庄	滨水地村庄
维护设施	围墙（栅）	采用繁杂样式的围墙（栅）			√			
		采用形式单调、人工痕迹较重的围墙（栅）			√			
		围墙（栅）采用当地材料	√			√	√	√
		围墙（栅）色彩与乡村环境相协调	√			√	√	√
		采用通透的围墙（栅）	√			√	√	√
	卫生设施—垃圾容器	采用本土材料，如木、石等	√			√	√	√
		采用金属、塑料等材质过多、色彩过于突兀的垃圾容器		√				
		采用和周围环境、色彩协调的垃圾容器	√			√	√	√
	古树名木	新建房屋紧邻古树，没有预留开放空间		√				
		对古树名木采取必要的围护措施	√			√	√	√
		对古树名木设置标志物	√			√	√	√
		利用古树名木形成公共活动空间	√			√	√	√

注：重点类型村庄涉及本表中的"选择性使用"要素时，按"强制性使用"要求进行控制引导。

6.2 重点要素管控建议的几点说明

由于前文第 4 章的导则条文分为整体、单体和设施环境三个部分，因此本节的管控建议也从"整体营建特色、单体建筑、设施环境"三个方面提出相应的建议，分类分层进行，与导则条文呼应。

上述"重点要素管控建议一览表"中体现了导则的精髓，提出了规划设计管控要求 133 条，并结合"平坡地村庄、山坡地村庄、滨水地村庄"三种不同地形地貌类型特征的村庄提出了管控建议。管控建议突出了"强制使用""选择使用"和"强制不使用"三种方式，便于村庄建设管理人员进行对照使用。

村庄建设风貌的重点要素管控建议，也给予乡村规划设计人员在村庄规划设计的过程中予以指导和参考采用，以便在源头上促进这一地区乡村风貌特征的引导和营造。

村庄建设过程中地方特色风貌的形成，不仅需要从规划设计源头引导，从规划管控环节加以落实，而且，还需要建立健全相应的法律法规，细化奖励和处罚条款，以保障管控行为的有效执行。此外，还需要积极开展当地政府和乡村干部相关人员的业务培训，以提升对村庄建设风貌的认知水平。

下篇　调研篇

第7章　长潭湖地区村庄建设风貌导则和管控办法编制任务

7.1　长潭湖地区村庄建设风貌导则编制任务

为指导编制《黄岩区长潭湖地区村庄建设风貌设计技术导则》，黄岩区村镇规划建设管理处出台了相应的编制任务书，具体要求如下。

7.1.1　规划目的

通过技术导则出台，规范长潭湖库区农居村庄设计，营造黄岩区西部乡村风貌，彰显村庄特色，因地制宜引导库区农居建筑风格与山水环境相协调，使之成为库区山水景观的组成部分，为美丽乡村和宜居黄岩建设奠定基础。

7.1.2　规划设计要求

1. 设计范围

设计范围为长潭湖库区5乡2镇（上垟乡、平田乡、屿头乡、富山乡、上郑乡、宁溪镇和北洋镇部分）的村庄。

2. 规划原则

遵循"政府引导、农民自主，科学规划、注重特色，尊重自然、因地制宜，分类指导、突出重点，切实可行、经济适用，绿色节能、传承发展"的原则。

3. 工作内容

通过对5乡2镇的现状农村住宅和景观资源的研究，提取传统民居特色，归纳整理，形成一套具有黄岩区西部乡村特色、浙东南民居风格的《黄岩区长潭湖地区村庄建设风貌设计技术导则》。

具体可以分为整体空间尺度的引导；单体建筑屋顶、体量、色彩、材质、建筑间距、建筑退界、建筑高度；重要构件的设计引导；景观资源、公共设施环境的引导等。

重点村，重要节点，如环长潭湖库区的村庄以及美丽乡村、传统村落的创建村，要较一般村进一步明确具体管理措施。

4. 成果要求

规划说明书。解析黄岩西部农村风貌和特色形成过程和原因，总结经验和教训，结合省、市、区各级，各部门对美丽乡村建设的要求，提出基本思路。

技术导则内容要求。整体控制：对风格意向、天际线、尺度、单元空间等，提出营建指导；单体控制：对色彩、材质、屋顶形式、院墙、重要建筑构件、建筑技术、建筑节能等提出营建指导。

上述可以根据实际情况，内容有所侧重，应当根据实际案例，提出存在的问题，用正、反两方面举例（图示）的方式，引导建设。

7.1.3 时间安排

（1）现状调研与初步方案阶段：完成导则初步方案，并向当地乡镇、村委会、村民代表汇报，征求意见。

（2）住建局审查阶段：根据反馈意见，完成方案的同时，完成整套设计成果，由黄岩区住建局牵头会同相关部门进行初步审查。

（3）提交会审阶段：根据住建局审查意见，完善成果，提交至黄岩区规划委员会会审。

（4）成果阶段：根据会审意见进行完善，出成果稿。

7.1.4 规划组织安排

黄岩区村镇处为组织编制主体，负责协调各乡镇与编制单位设计人员的沟通等。

7.2 长潭湖地区村庄建设风貌管控办法编制任务

7.2.1 编制目的

通过《黄岩区长潭湖地区村庄建设风貌设计技术导则》研究，以长潭湖库区内农村为管理对象，制定《黄岩区长潭湖地区村庄建设风貌控制管理办法研究》成果，作为该片区的农居风貌的管理依据。解决当前黄岩区农村风貌管理法定依据、技术要求缺失状态，进一步为探索建立全区的农村风貌管理长效机制建立，摸索经验。本次形成行政规范性文件初稿后，由拟稿单位（区住建局）修改，通过区政府法制办审查后，提交区政府领导签发。

7.2.2 编制要求

1. 编制范围

设计范围为长潭库区 5 乡 2 镇（上垟乡、平田乡、屿头乡、富山乡、上郑乡、宁溪镇和北洋镇部分）的村庄。

2. 编制依据

以《浙江省城乡规划条例》《浙江省村庄设计导则》《台州市城乡规划建筑管理》《黄岩区宅基地管理办法》等相关法律法规为依据，落实《黄岩区长潭湖地区村庄建设风貌设计技术导则》内容，并与有关规划进行必要的衔接和整合。

3. 编制内容

编制成果为 A4 纸页面文字稿，按照《浙江省行政规范性文件管理办法》文件要求，将《黄岩区长潭湖地区村庄建设风貌设计技术导则》内容转化成约束条款（含强制性条款和指导性条款）。明确管理范围、管理主体、管理依据、审批办法、修改办法、审批程序、监督机制、法律责任等方面要求。具体内容应把握以人为本、分类指导、突出重点，疏堵结合、简单易操作等原则。

7.2.3 规划组织安排

黄岩区村镇处为组织编制主体，负责协调各乡镇与编制单位设计人员的沟通等。

第8章 村民问卷调研分析

8.1 调查问卷设计

为深入研究区域范围内各乡、镇村庄的风貌现状，了解村民对于民居建设需求意愿，在长潭湖地区的5乡2镇中分别选择一个或多个典型村庄作为深入调研对象，每个村庄确定手持问卷约10份。

问卷的内容主要涉及本地村民对于住房类型、功能、部分公共设施需求以及造价等。

调研点分别是上垟乡黄杜岙村、沈岙村，平田乡桐外岙村，屿头乡沙滩村，富山乡半山村，上郑乡坑口村，宁溪镇乌岩头村，北洋镇潮济村。每个调研点中分别选择6位普通村民，4位在地乡村干部作为问卷调查对象。7个点一共实施70份问卷调查，有效问卷66份，调查时间为2015年8月至10月。

8.2 调查问卷统计分析

1. 您希望您家的住宅是布局形式？

A 前庭后院　　 B 三合院　　　 C 四合院　　　 D 独栋式　　　 E 单列并排　　　 F 其他

结果显示：在66名受访者中，有21名选择前庭后院式，占31.8%；25名选择独栋式，占37.9%；有12名选择单列并排，占18.2%；其余共8名，占12.1%。

数据表明：前庭后院式、独栋式、单列并排式的布局是受青睐的。

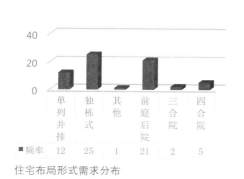

住宅布局形式需求分布　　　　　　　　　　住宅布局形式需求分布（百分比）

2. 您觉得住房的院子多大为好？

A 3~5平方米　 B 5~10平方米　 C 10~20平方米　 D 20~40平方米　 E 40平方米以上

结果显示：在66名受访者中，有29名选择需要20~40平方米的院子，占43.9%；32名需要40平方米以上的院子，占48.5%；选择A、B的共5名，占7.6%。

数据表明：40以上平方米间的院子最受欢迎。

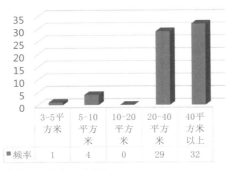

院落面积大小需求分布　　　　　　　　　　　院落面积大小需求程度（百分比）

3. 您家需要专门停放汽车的空间吗？

A 有　　　　B 没有　　　　C 打算预留

结果显示：在 66 名受访者中，有 52 名选择需要停车位，占 78.8%；6 名表示打算预留，仅仅 8 名表示没有，占 12.1%。

数据表明：村民对于私家小汽车的需求非常高，而且都希望有自家的停车空间。

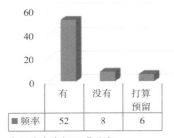

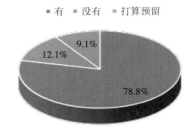

专门停车空间需求分布　　　　　　　　　　专门停车空间需求分布（百分比）

4. 您打算把停车位设置哪里？

A 前院　　　B 后院　　　C 地下　　　D 路边　　　E 停车场　　　F 其他

结果显示：在 66 名受访者中，有 27 名选择停车位设置在前院，占 40.9%；选择后院的 19 名，占 28.8%；选择地下车库的 10 名，占 15.2%，其余 D、E、F 选项共 10 名。

数据表明：前后院成为停车空间的首选。

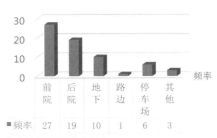

停车位置设置需求分布

5. 您希望自己的住宅有围墙吗?

A 有　　　B 没有

结果显示：在 66 名受访者中，有 59 名选择有，占 89.4%；选择没有的 7 名，占 10.6%。

数据表明：绝大部分村民希望自己的住宅有围墙。

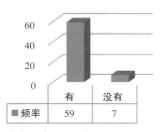

	有	没有
■频率	59	7

住宅围墙需求分布

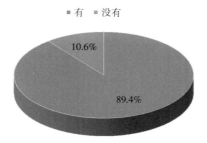

住宅围墙需求分布（百分比）

6. 围墙有多高为好?

A 1.2 米以下　　　B 1.2~1.8 米　　　C 1.8~2.4 米　　　D 2.4 米以上

结果显示：在 66 名受访者中，有 64 份有效答案，其中有 22 名选择 1.2 米以下，占 33.3%；选择 1.2~1.8 米的 25 名，占 37.9%；选择 1.8~2.4 米有 14 名，占 21.2%；选择 2.4 米以上的有 3 名。

数据表明：多数村民认为围墙的高度在 1.8 米以下为宜。

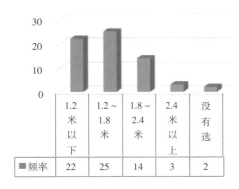

	1.2 米以下	1.2~1.8 米	1.8~2.4 米	2.4 米以上	没有选
■频率	22	25	14	3	2

围墙高度选择样本分布

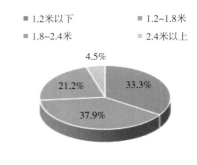

围墙高度需求分布（百分比）

7. 如新建住房，您家需要_____层，首层高是_____米，面积约_____平方米。

A 1 层　　　B 2 层　　　C 3 层　　　D 4 层　　　E 4 层及以上

（1）关于层数

结果显示：在 66 名受访者中，主要集中于 B、C、D 三项答案。其中选择 2 层的 10 名，占 15.2%，选择 3 层的 46 名，占 69.6%，选择 4 层的，10 名，占 15.2%。

数据表明：村民喜欢 2、3、4 层的住房，尤其是 3 层备受喜爱。

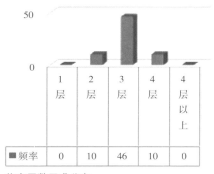

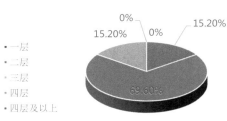

	1层	2层	3层	4层	4层以上
■频率	0	10	46	10	0

住宅层数需求分布   住宅层数需求分布（百分比）

（2）关于首层层高

结果显示：对住宅首层层高的调研收到 53 份有效答案，其中选择首层 3 米的有 21 名，占 39.6%，选 3.3 米的 13 名，占 24.5%。其余的 19 名，占 35.9%。

数据表明：村民对住宅首层层高的需求集中在 3~3.3 米之间。

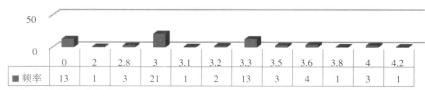

	0	2	2.8	3	3.1	3.2	3.3	3.5	3.6	3.8	4	4.2
■频率	13	1	3	21	1	2	13	3	4	1	3	1

住宅首层层高需求分布

（3）关于住宅建筑面积

结果显示：对住宅建筑面积的调研收到 50 份有效答案，主要集中在 100~150 米之间，有 30 名，占 60%，其余的占 40%，在所有调查人中，平均面积约 142 平方米。

数据表明：村民在新建住宅的面积要求集中在 100~150 平方米之间。

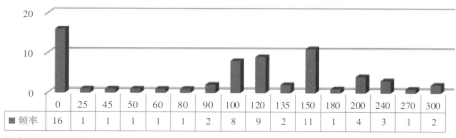

	0	25	45	50	60	80	90	100	120	135	150	180	200	240	270	300
■频率	16	1	1	1	1	1	2	8	9	2	11	1	4	3	1	2

住宅面积需求分布

8. 您家新建的住房大约花了多少钱？

A 10 万元左右　　　B 15~25 万元　　　C 30~50 万元　　　D 50 万元以上

结果显示：在 66 名受访者中，其中选择 B 15~25 万元的有 27 名，占 40.9%，选择 C 30~50 万元的有 14 位，占 21.2%，选择 D 50 万元以上的仅有 2 名。

数据表明：村民建房费用以 15 万 ~25 万元为主。

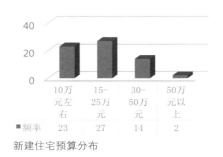

新建住宅预算分布

9. 您对住房除了卧室、厨房、客厅、卫生间还有其他需求空间吗？

A 院落　　　B 牲口棚　　　C 土灶间　　　D 晒谷场　　　F 其他

结果显示：在 66 名受访者中，有 47 名受访者选择需要院落空间，占 71.2%，其中有 22 名还同时选择了牲口棚、土灶间、晒谷场等功能需求；有 13 名选择了牲口棚，占 19.6%，其中有 12 名选择了院落、土灶间、晒谷场功能需求；有 20 名选择了土灶间，占 30.1%，其中有 17 名还同时选了院落、土灶间、牲口棚等功能需求；有 11 名选择了晒谷场，占 16.5%，其中有 9 名选择了院落、牲口棚、土灶间等需求。选择其他约占 12.1%。

数据表明：目前村民仍有大部分村民保有传统的生活方式，住宅功能需针对农村生活设置一些特定性的功能。

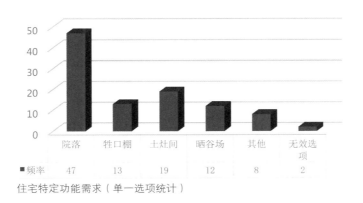

住宅特定功能需求（单一选项统计）

10. 你家新建的住房会考虑周边的建筑形式吗？还是自己自由修建？还是政府统一修建？

结果显示：在 66 名受访者中，有 65 份有效回答。其中有 17 名表示会协同周边建成环境修建，占 25.8%，有 16 名表示会随意修建，约占 24.2%，有 32 名表示愿意由政府统一规划建设，占 48.5%。

数据表明：大部分村民愿意政府统一修建住房。

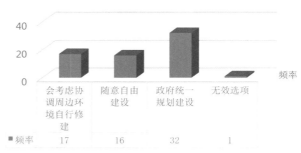

住宅修建形式需求分布

11. 您需要公共厕所吗？

A 需要　　　　B 不需要

结果显示：在 66 名受访者中，其中有 50 名选择需要公厕，占 75.8%，有 16 名选择不需要公厕，占 24.2%。

数据表明：大部分村民认为需要建设公厕。

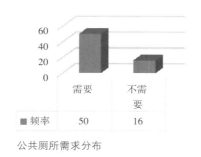

公共厕所需求分布

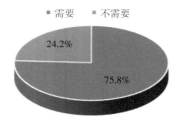

公共厕所需求分布（百分比）

12. 您村内是否有商店、超市；购买日常用品是否便利?

A 有，很方便　B 有，但种类不全，不方便　C 无　D 不方便，距离太远　E 其他

结果显示：在 66 名受访者中，有 49 名选择有，其中有 26 名认为不方便，选择没有的有 13 名，占 19.7%，距离太远的有 4 名，占 6.1%。

数据表明：购买日常用品的便利程度有待提高。

居民对便利店评价分布　　　　　　　　　　　居民对便利店评价（百分比）

13. 您是否愿意在村里建设集中的服务中心：

A 是　　　　　B 不需要　　　　C 无所谓

结果显示：在 66 名受访者中，有 61 名选择需要，占 92.4%，5 名选择无所谓，占 7.6%。

数据表明：绝大多数村民愿意在村里建设集中的服务中心。

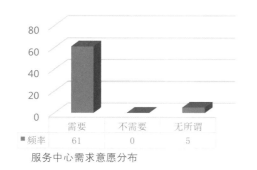　　　　　　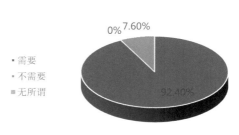

服务中心需求意愿分布　　　　　　　　　　　服务中心需求意愿（百分比）

14. 您有打算把自己的房子改造成民宿吗?

A 会　　　B 不会

结果显示：在 66 名受访者中，有 46 名选择愿意改造，占 69.7%，有 20 名选择不愿意，占 30.3%。在民宿功能需求中，本题的调研结果显示：在受访者中，有 38 名选择愿意提供茶娱功能；有 26 名选择愿意提供餐饮功能；有 12 名选择愿意提供集会功能。

数据表明：随着乡村旅游业的发展，村民对于民宿发展的意愿很强，而且会提供茶娱、餐饮等多种功能。

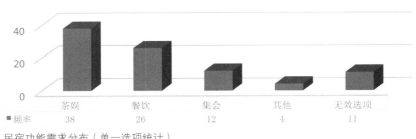

民宿功能需求分布（单一选项统计）

第 9 章 环长潭湖地区 5 乡 2 镇村庄建设风貌调研

长潭湖地区村庄建设风貌调研，主要选取了以下若干村庄进行重点调研，分别为：上垟乡的黄杜岙村、沈岙村和西洋村，平田乡的桐里岙村、桐外岙村，屿头乡的沙滩村，富山乡的半山村，上郑乡的大溪村、大溪坑村和坑口村，宁溪镇的乌岩头村以及北洋镇的潮济村。

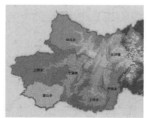 

调研的乡镇在长潭湖地区的区位图　　调研的各村庄在长潭湖地区的区位图

9.1 上垟乡

上垟乡位于长潭湖南部，北接北洋镇，东接平田乡，西临宁溪镇，南接乐清市，乡域面积约 67.58 平方公里，总人口 18 173 人，辖 27 个行政村。乡政府所在地位于上垟村。以农业为主。

本次调研的村庄有黄杜岙村、沈岙村和西洋村。其中沈岙村是市级小康示范村。

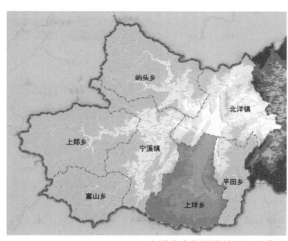

上垟乡在长潭湖地区的区位图

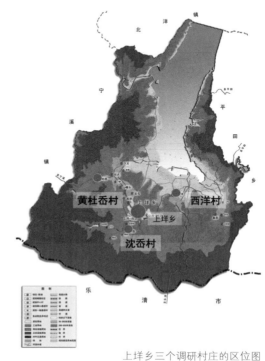

上垟乡三个调研村庄的区位图
（资料来源：台州市黄岩区村庄布点规划）

9.1.1 上垟乡黄杜岙村

1. 村庄概况

黄杜岙村位于上垟乡西部，距乡驻地约3千米，通过村庄南部的百王线与乡驻地相连。村庄规划面积为6.4公顷。现状人口906人。黄杜岙村经济发展水平不高，以农业生产为主，有较多的村民外出务工或经商。

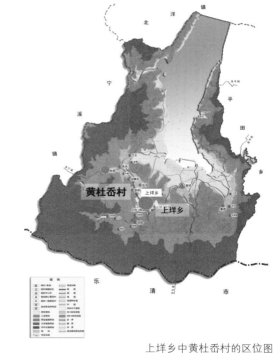

上垟乡中黄杜岙村的区位图
（资料来源：台州市黄岩区村庄布点规划）

2. 整体营建特色

1）风格特征

黄杜岙村沿主要街巷布局。作为传统村落，村内建筑以传统低层坡顶建筑为主，并有少量新建建筑。建筑之间自由排列组合，围合成不同尺度的开放空间。

黄杜岙村村庄整体风貌
（资料来源：百度地图）

2）主体街巷空间

村庄中的点状空间主要包括沿主要街巷的水塘和古树。线状空间主要包括村庄的主要街巷空间。面状空间主要包括村口的空地、停车场和健身场地。

（1）点状空间

村庄中的点状空间主要包括沿主要街巷的水塘和古树。位于道路转角处的水塘，由周围建筑围合形成一定的开场空间。水塘水质有待提升。村中大树校多，大多位于道路两侧和转角处，有一定的引导和标识性。

水塘和古树　　　　　　　　古树

（2）线状空间

村庄道路路面为沥青混凝土。材质拼接处理简单，与入口空地没有区分。

村庄的主要街巷采用混凝土路面。道路与建筑有适当的绿化隔离，尺度适宜。道路界面由新老建筑夹杂而成。

村庄道路

主街

（3）面状空间

村庄的入口空地场地宽阔，用作临时停车。

靠近入口处的停车场采用碎石铺地，渗水性较好。场地较小，缺少提示标志。

邻近停车场的健身场地用泥地形式，在使用的舒适性上欠佳。由于与南侧的停车场无边界划分，健身场地的使用受到影响。

村口空地

停车场　　　　　　　　健身场地

3）滨水空间

（1）点状空间

水塘一半以建筑围合，一半以道路作为边界。道路采用石板和混凝土铺装，与泥地自然衔接。采用石块作为驳岸形成斜坡面，有自然植被生长。水塘边的古树作为转角处的视线引导。

滨水空间

4）院落单元空间

（1）传统建筑

传统建筑以 1~2 层住宅为主。部分建筑加建一层，出檐距离较短。大部分保留原有的房屋结构，对建筑门窗进行适当的改造以满足采光通风的要求。

传统建筑的单元空间

（2）新建建筑

新建建筑以 2~3 层的联排式或独立式单体为主。独立式建筑在材料和色彩运用上较为多样，但缺少统一协调。联排式住宅的立面形式较为统一，但以户为单位的立面色彩多样欠协调。

新建建筑的单元空间

3. 单体建筑特征

1）屋顶

（1）传统建筑

传统建筑大多采用悬山顶，有些为重檐。部分屋顶是不等坡的双坡。

屋顶采用泥瓦建造，色调为中性灰系。

中性灰

传统建筑的屋顶

（2）新建建筑

新建建筑的屋顶采用双坡顶或四坡顶等多种样式。坡面形式和坡度多样。色彩较为统一。以蓝色和中性灰色为主。材质主要采用彩钢瓦等现代材质。

新建建筑的屋顶

湖蓝
中性灰

2）墙体

（1）传统建筑

传统建筑的墙体采用石、木、砖和少量抹灰材料；传统材质贴近自然；颜色主要有中性灰、青灰、赭石和白色。部分采用白色抹灰材料进行改造。

传统建筑的墙面

中性灰
青灰
赭石
白色

（2）新建建筑

新建建筑采用抹灰、水泥、砖等现代材料。色彩彩度较为丰富，大部分采用了明度较低的色彩，如中性灰、暖灰和青灰色。个别新建的独立式住宅色彩较为鲜艳，采用了橙色等明度较高的色彩，与整体环境相冲突。

新建建筑墙面

中性灰
暖灰
橙色
青灰

3）门

（1）传统建筑

传统建筑的门主要采用木门，大部分采用门檐和砖砌门框。色彩上以中性灰、暖灰和赭石为主。与建筑整体风貌一致，具有地方特色。但易腐，不耐火，密封性较差。

中性灰
暖灰
赭石

传统建筑的门

（2）新建建筑

新建建筑的门采用铝合金、玻璃、铁和塑料材质的推拉门或平开门。轻质，密封性好，耐腐。样式统一，色彩上主要以反光金属色为主，但是缺少地方特色。

透明
白色
金属色
砖红

新建建筑的门

4）窗

（1）传统建筑

传统建筑的窗以木格栅窗为主，后期采用玻璃窗。色彩主要以中性灰、赭石、砖红色为主。窗的风貌与传统建筑整体风貌相统一。但是采光、保温性能较差。

中性灰
赭石
砖红
透明

传统建筑的窗

（2）新建建筑

新建建筑的窗主要以塑料、铝合金和玻璃等现代材料为主，形式大多为推拉窗。具有采光能力好，保温隔热性能好的特点，较为实用。

新建建筑的窗

透明
白色
墨绿

5）重要建筑构件

（1）传统建筑

传统建筑的柱子为中国传统的木构柱式，形式较为简洁。在部分一层挑空和连廊中，梁柱不仅是空间的支撑结构，同时也形成联系室内外的过渡空间。

传统建筑梁柱

中性灰
赭石

（2）新建建筑

新建建筑的柱子重视装饰作用，主要作为入户的门廊柱，形式主要以西方的罗马柱式为主。在柱础，柱体和柱头上多有繁复的纹理的装式。材料为混凝土材料，采用白色抹灰。西式柱式和周边的传统建筑风貌不协调。

白

新建建筑的梁柱

6）装饰构件

建筑装饰主要体现在栏杆上，采用混凝土、铝合金和铁等材料。混凝土栏杆装饰有仿窗花形式、仿欧洲柱式等。铝合金装饰样式简洁，但反光度较高。铁艺装饰主要采用金色，较为醒目，与环境协调程度有待提高。

白色
银色
暖灰
金色

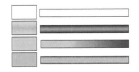

新建建筑的装饰

7）建筑技术

传统建筑以梁柱结构为主，以砖木作为围护结构。新建建筑为砖混结构。

传统建筑的建造技术　　　新建建筑的建造技术

4. 设施环境

1）道路桥梁

村庄道路双侧设置边沟。主街单侧设置排水沟。

道路边沟

2）广场节点

入口空地采用平灾结合，设置有明显的村级避灾安置标识。

广场提示标志

3）景观设施

村庄在主街一侧结合电线杆设置路灯，方便夜间出行。

在连接村委的廊道下设置了开敞式的公共座椅。

公共座椅　　　　　　　　路灯

4）维护设施

道路护栏在色彩和高度上满足道路建设基本需要。

挡土墙采用天然石材堆砌成直面墙。

道路护栏　　　　　　　　挡土墙

5）绿化植被

在主要主街两侧分布了不同的古树，成为村庄的重要节点。村中有效地利用了街角空间，进行了植被种植。在道路与住宅之间进行了绿化的隔离，使公共与私密部分相互分开。

转角绿化

古树　　　　　　　　绿化隔离

9.1.2 上垟乡沈岙村

1. 村庄概况

沈岙村位于上垟乡南部距离上垟乡驻地1.5千米左右。村庄规划面积为7.2公顷。总人口为1 094人。以农业生产为主，沈岙竹笋曾荣获省农博会优质奖。通过路面硬化、路灯亮化、改水改厕等措施，沈岙村的村庄整治工作已通过验收。

沈岙村相对上垟乡的区位图
（资料来源：台州市黄岩区村庄布点规划）

2. 整体营建特色

1）风格特征

村庄依水而建。老村保留了传统建筑，在村口的部分保留了旧时的宗祠。村口滨河段保留了部分老建筑，大部分为新建住宅。

沈岙村卫星图
（资料来源：百度地图）

2）主体街巷空间

村庄的点状空间包括沿主要街巷的几处古树。线状空间主要是村庄外侧的滨河道路。

点状空间 ●
线状空间 ◀ ▪ ▪ ▶

（1）点状空间

古树是村庄入口的重要节点。周边场地利用率有待提高。

古树

（2）线状空间

滨河道路采用混凝土路面。滨河道路具有较好的景观视野。建筑适当退界。道路界面新老建筑混合。部分路段设有行道树。

滨河道路　　　　　　　　　滨河道路

3）滨水空间

采用混凝土驳岸。堤岸与河道距离从1~6米不等。高差小的河段，不设护栏，沿河道种植一定间距的乔木。高差大的河段设有防护矮墙和连续灌木。部分地区设置亲水台阶。

亲水台阶

堤岸　　　　　　　　　　河道

4）院落单元空间

建筑以2~3层的独栋式单体为主，每户之间有明确的界限。建筑基本适应了以核心家庭为单元的社会结构需求。

单元空间

3. 单体建筑特征

1）屋顶

（1）传统建筑

传统建筑的屋顶主要采用硬山形式。
宗教建筑采用歇山顶，有翘檐和脊兽装饰。
材质采用泥瓦的传统材料，呈现中性灰的
主要色调。屋顶色彩与老建筑一致。保温
隔热的性能有待提高。

传统建筑的屋顶

中性灰

（2）新建建筑

新建建筑采用硬山顶的方式，材料以
水泥瓦和彩钢瓦为主，色调以湖蓝、砖红
和中心灰为主。其中蓝色屋顶彩度稍高，
个别明度高和反光度高的材质与整体风格
的协调性有待提高。

新建建筑的屋顶

湖蓝
砖红
中性灰

2）墙体

建筑的墙体饰面主要采用外墙砖，形
式较为丰富。部分建筑采用明度和彩度过
高的颜色作为墙面勾边装饰，立面效果有
待提升。

中性灰
赭石
米黄
宝蓝
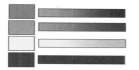

建筑外墙

3）门

门的形式以平开门为主，独立式住宅多采用双开门的形式。主要采用木质材料。在色彩上主要为赭石和中性灰色。

门

赭石
中性灰

4）窗

（1）传统建筑

传统建筑主要采用木质材料，部分窗用玻璃进行改造，提高了使用性能。色彩主要为赭石色。形式主要为平推窗。一些建筑采用高窗采光通风。

传统建筑的窗

赭石
透明

（2）新建建筑

新建建筑的窗洞大小较为统一，采光能力好，具有较好的保温隔热性能。窗框色彩较为协调。部分反光材质的玻璃容易造成视觉干扰，对整体风貌有一定影响。

新建建筑的窗

中性灰
白色
透明
反光绿

5）重要建筑构件

村庄中建筑立柱是重要的建筑构件，分为圆柱和方柱两种。主要作为廊柱结构。材质主要为砖和混凝土。在空间上自然形成室内外过渡的空间。和建筑外墙颜色协调。

中性灰
暖灰
白

廊柱

6）装饰构件

村庄的装饰构件主要是栏杆和围栏，以混凝土和铸铁为主要材料。混凝土以白色抹灰覆盖，铁艺栏杆由黑色和金色装饰。部分采用欧式栏杆。

白色
青黑色
金色

构件装饰

4. 设施环境

1）道路桥梁

青龙桥位于村口，始建于清乾隆年间，象征青龙回首的口舌。青龙桥系典型的石拱桥，该桥梁造型宏大，结构科学，在西部山区已极为少见。桥石栏板、望柱、狮子雕刻等工艺精湛。青龙桥作为黄岩区级文物保护单位，受到了一定的保护。

简易石桥以桥面和桥墩作为主要结构。造型简单，桥面宽约 1 米。

青龙桥与简易石桥

2）景观设施

入口标志以牌坊的形式横架于山体之间。色彩主要采用青灰色，辅以白色装饰。造型较为繁复，四根圆形立柱尺度较大，牌面采用了西方的锥形装饰和拱券门拱。

沿主路利用电线杆设有路灯，高度适宜，基本满足道路照明需求。

入口牌坊　　　　　　　路灯

3）维护设施

河道护墙采用下层石块、上层砖砌的方式。护墙上缘采用凹凸连续变化的形式。

桥梁护栏

4）绿化植被

滨河护墙以内种植间断的小乔木，护墙和河道之间种植连续灌木，形成遮挡护墙的连续界面。

滨河绿化

9.1.3　上垟乡西洋村

1. 村庄概况

西洋村位于上垟乡中部，乡驻地以东，邻近长潭水库南岸。村庄规划面积为31.5公顷。现状人口为1 111人，共362户。西洋村为二级中心村，规划为文化、生活服务中心。设有文化站、中小学、卫生室、蔬菜副食品市场等基本生活服务设施。

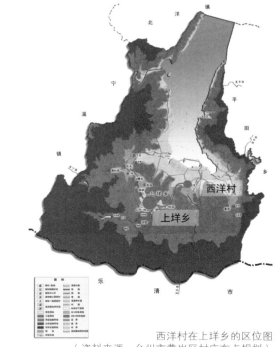

西洋村在上垟乡的区位图
（资料来源：台州市黄岩区村庄布点规划）

2. 整体营建特色

1）风格特征

西洋村内以新建建筑为主，住宅建筑在3~4层，公共建筑分为2~5层。

西洋村卫星图
（资料来源：百度地图）

2）主体街巷空间

线状空间主要包括村庄的主要街巷。由一条东西向主街和两条南北主街为主要框架，再连接次要巷道。

面状空间主要包括位于村庄中心的会堂广场。

线状空间
面状空间

线状空间
面状空间

（1）线状空间

村内主要道路串联起主要公共建筑。路幅较宽，足以容纳双向两车道。街道两侧以新建住宅为主，两侧商业丰富。行道树、路灯等设施齐全。街道高宽比小于1。

村内道路

（2）面状空间

面状空间主要是村中的旧人民大会堂前广场。周围有建筑限定围合。目前设置有一些健身设施。

旧人民大会堂前广场

3. 单体建筑特征

1）屋顶

（1）传统建筑

传统建筑的屋顶形式有庑殿顶和硬山顶。材质采用传统泥瓦，呈现中性灰色调。

中性灰

传统建筑瓦片庑殿顶

（2）新建建筑

新建建筑的屋顶大多数坡硬山顶，少数为平屋顶建筑。材质多采用瓦和混凝土，色彩主要是中性灰和蓝色调。

中性灰
蓝色

卫生院平屋顶 新建建筑住宅对坡硬山顶

2）墙体

（1）传统建筑

传统建筑以砖墙为主，部分采用白色粉刷。

中性灰
赭石

砖墙白色粉刷　　　　　　砖墙

（2）新建建筑

新建建筑墙体使用的色彩丰富。彩度、明度较高的色彩较多。部分贴面砖，部分采用彩色涂料粉刷。材质主要是混凝土、砖、彩色面砖等。

白色
黄色
红色
浅绿色

彩色粉刷墙体　　　　彩色面砖墙体

3）门

新建住宅的门多为金属防盗门，部分公共建筑使用透明玻璃门，部分商铺直接使用卷帘门。

银色
白色
透明

金属卷帘门

铝合金框玻璃门

金属防盗门

4）窗

（1）传统建筑

传统建筑多用木框窗，部分玻璃已无，内有金属栅栏，形式为平开窗。

白色
赭石

木框平开窗

（2）新建建筑

新建建筑多采用金属窗框玻璃窗，窗框以白色为主，玻璃有透明、墨绿和深蓝色等。

透明
墨绿
深蓝
白色

金属窗框玻璃窗

4. 设施环境

1）道路桥梁

村内道路基本为水泥路面，大都可供车辆通行，较窄的道路与沿街建筑界面高宽比在1：1左右。

村内道路

2）健身设施

健身器材位于旧人民大会堂前的广场中，设施缺乏维护，使用率不足。

健身器材

3）卫生设施

垃圾桶沿路设置，有明显的颜色区分收集垃圾的类型。同时在用的还有带盖垃圾箱。

垃圾桶

5. 现状小结

上垟乡三个村庄的风貌特色形成过程可按时间阶段划大致划分为 1949 年前的传统风貌、计划经济时期的近代风貌和改革开放以来的现代风貌三个阶段。

1）1949 年前传统风貌

1949 年前村庄风貌特色呈现出比较统一协调的传统风貌。受到经济水平、建筑技术发展等因素的限制，村庄建筑的材料多为砖、石、木等当地易得的材料，建造方式与样式种类也比较有限，建筑高度、色彩协调，村庄建筑整体感较强。同时，传统村庄内存在较强的血缘关系纽带，家族、家庭等多样化的社会关系体现在建筑空间上，形成围合、并列等多样化的空间，出现公共、半公共的水塘、空地等活动交往空间。

2）计划经济时期（1949—1980 年）近代风貌

该阶段村庄建设集中在公共建筑与公共设施的营建，建筑功能主要为村部、活动室、会堂等。受到当时经济水平、建筑技术及材料的限制，这个时间段内建筑仍多采用砖木、木构等建筑结构，砖、石、木等地方材料，建筑高度、色彩、建筑构件的样式与周边的传统建筑比较协调，较好地延续了传统建筑中室内外空间处理的手法，值得学习借鉴。这一时期的建筑主要有黄杜岙村的村部建筑和西洋村的小坑人民大会堂。黄杜岙村村部为拥有独立院落的二层砖木建筑，其院墙外的连廊和一层的完全架空设计是处理室内外空间关系很好的范例，同时其木构件与石墙等建筑构件都是地方建筑技术的体现，具有一定的建筑价值。西洋村的人民大会堂，建筑立面采用暴露结构的形式，具有自己的特点，青砖的材质与色彩又使其与周边住宅互相协调，同时大会堂与周边建筑围合成一个小型广场，成为村中重要的开放空间，但目前大会堂与广场均未得到充分的利用。

典型传统风貌

典型现代风貌

黄杜岙村新建住宅宅间道路

3）改革开放以来（20 世纪 80 年代中期至今）现代风貌

改革开放后，上垟乡的村庄建设情况可以划分为两种。第一种如黄杜岙村和沈岙村，其村庄格局未发生较大的变化，主要进行以村民翻新住宅为主的建设活动，呈现出传统建筑、新建建筑混杂的村庄整体风貌，由于新的建筑往往在拆除旧建筑的基础上形成，所以村庄的主体街巷空间、重要的公共空间节点往往得到保留。但是由于新建建筑高度往往超过原有建筑高度，导致村庄天际线不断被突破，同时村民自建住宅缺乏规范，建筑形式、色彩等与传统村庄的风貌格格不入，并互不协调，并出现"欧式"柱子、门窗等建筑元素；第二种则以西洋村为例，西洋村原为小坑乡政府所在地，为 20 世纪 80 年代以后规划拆建形成，村庄规模较大，呈现出现代新村的风貌。现代的规划建设对传统村落格局与传统建筑造成了较大的破坏，传统村落格局已不复存在，主要道路笔直正交，街巷空间失去传统村落的宜人尺度。村民住宅均为 2~3 层的现代建筑，能够较好地满足村民现代生活的各项功能需求，但是建筑与外部空间的关系较差，且色彩、形式等均失去其地方特色。

6. 经验与不足

1）经验

新中国成立后至改革开放前上垟乡出现的公共建筑对未来的规划建设管理具有一定的经验启示，即有选择性地继承传统建筑中的元素，使新建建筑与传统风貌相协调，优化村庄内的建筑空间关系。

（1）利用地方材料与技术进行改建

通过使用地方建筑材料与建造技术，新建建筑可以与乡村的整体风貌得到较好的协调，避免对传统风貌的破坏。新建的建筑，不管是公共建筑还是居住建筑，内部的功能需求应该得到满足，同时应当通过延续传统建筑的材料、装饰构建或纹饰等元素，使外部立面、色彩等与整个村庄风貌协调统一。

黄杜岙村村部 – 连廊

（2）重视建筑与外部空间的关系

在公共建筑中沿袭传统建筑连廊、出挑形成过渡空间等空间手法。在居住建筑中可以引导村民使用这些空间手法，形成良好空间层次，改善目前独立住宅与外部空间完全分割的情况。

2）不足

（1）失去活力的街巷空间

传统村庄中充满活力与趣味的街巷空间、公共空间在更新过程中受到不同程度的破坏。

（2）新建建筑的风貌欠缺协调性

部分村庄新建建筑正在不断破坏着村庄的整体传统风貌。西洋村传统风貌的完全颠覆，是因为毫无传承、保护意识的新村建设，形成了毫无地方特色的村庄风貌。

黄杜岙村新建建筑与传统建筑

9.2 平田乡

平田乡位于黄岩区西部山区，长潭水库的东岸。平田东部为茅畲乡、乐清市，北面与北洋镇相连，西部与上洋乡、长潭水库相接，南邻乐清市雁荡景区。平田乡虽属山区地带，但交通条件亦相当方便，多条线路在境内纵横交错，形成"十"字交通网络。平田乡乡政府设在天灯垟，距黄岩城区 32 千米，集镇由平田、天灯垟两村组成。

本次调研的村庄有桐里岙村和桐外岙村。

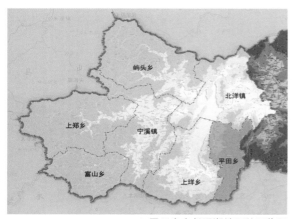

平田乡在长潭湖地区的区位图

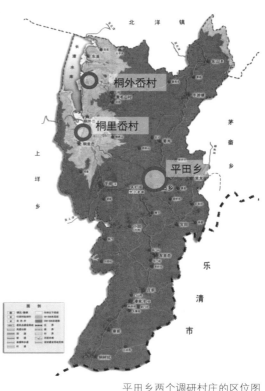

平田乡两个调研村庄的区位图
（资料来源：《台州市黄岩区村庄布点规划》）

9.2.1　平田乡桐里岙村

1. 村庄概况

桐里岙村位于平田乡西北部,毗邻长
潭水库,距离平田乡集镇约 2.5 千米,距
长潭水库不足 1 千米。主导产业为农业,
村庄人口数量为 190 人,90 户。

桐里岙村卫星图
(资料来源:百度地图)

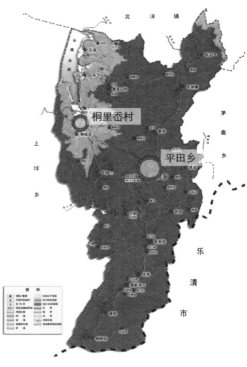

桐里岙村在平田乡的区位图
(资料来源:《台州市黄岩区村庄布点规划》)

2. 整体营建特色

1)风格特征

桐里岙村内建筑多建于 20 世纪五六
十年代,以木质结构为主,风格特征呈现
为传统浙南夯土村居风貌。外墙采用夯土
墙或木质墙体,小开窗,杂色瓦屋面,悬
山式山墙,底座以石材作勒脚,主要有一
字形布局和合院布局两种形式。

典型合院式民居

2）主体街巷空间

桐里岙村背山面水，其街巷空间结构
适应当地山地地形，主体街巷空间曲折流
动。由于用地紧张，在其主体街巷空间体
系中缺乏面状公共空间。点状空间主要在
街巷交叉口，线状空间主要为主街和主巷。

（1）点状空间

桐里岙村的点状空间主要集中在街巷
交叉口。村内街巷空间结构明晰，主要街
巷交叉口处为水泥路面，两侧建筑多为传
统村落风格，采用当地石材而砌成墙面或
种植绿化作为界面，风格自然古朴。

典型街巷交叉口　　　　　　　　　　　街巷交叉口区位示意图

（2）线状空间

桐里岙村的线状空间主要为主街和主巷。桐里岙村部分主街巷一侧有明沟，两侧人家多砌石墙以作分隔，街巷空间尺度宜人、层次明晰，但街巷界面连续性不足。

主街 主街 主巷

主巷 主巷 主街巷照片区位示意图

3）尺度

桐里岙村空间尺度宜人，延续了传统村落的建筑空间尺度。特色的传统建筑构件，如门、窗等尺寸相对于现代建筑构件尺度较小，建筑内部层高一层较高，二层较低，普通民居建筑呈现高度低而占地广的特征。在空间尺度上，民居建筑错落有致排列，形成曲折而宜人的街巷空间。

街巷空间尺度 院落大门

4）滨水空间

桐里岙村滨水空间驳岸为自然型驳岸
与人工型驳岸相结合，自然型驳岸一侧为
农田或生态型污水处理绿地，人工型驳岸
一侧为村民宅基地，滨水岸线公共活动场
地不足。

桐里岙村滨水空间

5）院落单元空间

桐里岙村院落单元空间具有传统浙南
夯土村居特征。外墙采用夯土墙或木质墙
体，小开窗，杂色瓦屋面，悬山式山墙，
底座以石材作勒脚，有一字形布局和合院
布局两种。

典型单元空间中建筑一层的层高普遍
较高，并附有出挑檐口，二层层高较低，
立面为小开窗。合院布局中主体建筑呈一
字形布局，配有辅助建筑及石砌矮墙以界
定院落空间。

典型建筑组合

典型单元立面

典型单元立面

院落大门

入户门

3. 单体建筑特征

1）屋顶

桐里岙村建筑屋顶大部分为硬山顶，部分有重檐。屋顶色彩较为统一，多为灰色、褐色、青灰色。材质使用较为统一，多使用小青瓦、陶土瓦。

中性灰
褐色
青灰色

典型屋顶

屋顶材质

2）墙体色彩

桐里岙村建筑墙体色彩为土黄色系，如灰色、土黄色、赭石等，主体色调具有偏灰、偏黄的色彩特征。墙体材质较为单一，以当地建筑材料为主，如木材、石材、砖等。

中性灰
土黄色
褐色

典型墙体

木材　　　　　　石材　　　　　　粘土砖

3）门

桐里岙村门的材质多为木材，形式多样。除了普通双开门、单开门的类型，还有作为院落入口大门，上带屋顶檐口。

典型门

4）窗

桐里岙村窗的材质多为木材或砖石，形式多为矩形。其中，部分木质窗采用细木栅栏做外侧分隔，内侧为木质隔板，呈现传统乡村古朴样式。砖砌窗则以砖石块在窗洞搭建不同形式窗花。

典型窗

5）重要建筑构件

桐里岙村多为木构建筑，其结构类型多为穿斗式木结构。其重要建筑构件，如梁、板、墙体、柱子、基础等具有鲜明的传统建筑特色。

建筑立柱样式多为圆形断面，下端以石材作为柱础，样式简约质朴。梁柱交接处等建筑节点处采用传统榫卯结构。

榫卯结构

穿斗式木结构

榫卯结构　　　　　立柱

6）装饰构件

桐里岙村20世纪五六十年代所建木构建筑装饰构件较少，而1980年代所建砖混结构民居存在一定的装饰构件，建筑立柱柱头存在石刻花纹，圆形柱件配有圆形柱础，具有强烈的时代风格特征。

柱础　　　　　柱头

柱子　　　　　木构建筑装饰

7）建筑技术

桐里岙村也存在一定比例的砖混结构
或砖木结构建筑。建筑材料多为木、砖或
石块，建筑墙面使用此三种材料其一或混
合构建。

砖砌与石砌混合材料建筑　　　　　　木构建筑

8）建筑节能

合院式的布局形式适应当地温暖湿
润、光热资源充足的气候特征。以石砌作
为建筑外围护结构或建筑墙体底部基础，
则有利于室内防潮；民居建筑一层、二层
挑出檐口则有利于遮挡阳光，尺寸较小的
窗口有助于建筑保温。

木构建筑　　　　　　石砌墙面

4.设施环境

1）道路桥梁

桐里岙村道路桥梁路面均为水泥路
面，桥梁栏杆具有 20 世纪 80 年代风貌
特征。

桥梁　　　　　　桥梁

2）景观设施

桐里岙村景观设施具有三类时代风
貌。其一为传统民居风貌，如石砌、木质
或竹质围栏；其二为 20 世纪 80 年代风貌，
如古朴简约的石柱栏杆；其三为现代风
貌，如街道家具垃圾灯、电线杆灯等。

石砌矮墙与竹质围栏　　　　桥梁扶手　　　公共垃圾桶

3）维护设施

桐里岙村维护设施主要为污水处理设施与用电设施。其中，污水处理设施为生态型处理方式，采用湿地绿地净化污水。用电设施主要为屋顶太阳能热水器，多见于新建建筑屋顶。

生态污水处理设施　　　　　屋顶太阳能

4）卫生设施

桐里岙村卫生设施主要包括新建的公共厕所。采用砖砌结构，屋面为平顶，外墙面采用白色砖墙。其单体建筑风貌与村庄整体传统建筑风貌的协调性欠佳。

公共厕所　　　　　　　　公共厕所

5）绿化植被

桐里岙村绿化植被具有乡村特色，多为自然绿化景观或农作物景观。绿化植被空间分布自由，与当地的农业生活氛围相结合。但管理水平有待进一步提升，生活垃圾堆放于部分绿化植被中，对环境造成不良影响。

院落绿化　　　　　　　　院落绿化

滨水植被　　　　　　　　院落绿化

9.2.2 平田乡桐外岙村

1. 桐外岙村概况

桐外岙村位于平田乡西北部，毗邻长潭水库，距离平田乡集镇约3千米，距长潭水库300米，是长潭湖地区村庄建设风貌的重要节点。村庄人口数量为43人，16户。主导产业为农业，但外出打工人口占村庄人口的较大比例，村民的主要收入靠外出种西瓜。2013年，该村通过"美丽乡村"建设和"三改一拆"，全村的面貌发生了很大的变化，看着一方秀美山水，很多村民纷纷回村开办特色民宿旅馆，发展生态休闲旅游。

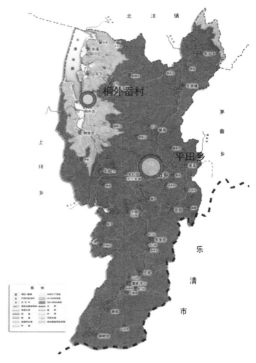

桐外岙村卫星图
（资料来源：百度地图）

桐外岙村在平田乡的区位图
（资料来源：《台州市黄岩区村庄布点规划》）

2. 整体营建特色

1）风格特征

桐外岙村内建筑多建于20世纪末21世纪初。建筑风貌多样，但多呈现代、西方欧式建筑风貌。建筑色彩、村庄建筑风貌协调性不佳，建筑地域特色有待提升。

典型居住建筑　　　　　典型居住建筑

2）主体街巷空间

村庄的点状空间主要在不同的街巷交叉口。线状空间包括村庄内部的主街和主巷。面状空间包括村口入口广场和村口公共绿地。

点状空间　　　●
线状空间　◀▪▪▶
面状空间　　　▬

（1）点状空间

桐外岙村主体街巷空间中，重要的点状空间主要为街巷交叉口。街巷交叉口基本满足车行需求，因地制宜结合当地地形设置转弯半径，路口周边为自然景观或农业景观。

桐外岙村主入口

（2）线状空间

桐外岙村主体街巷空间依山布置。街巷空间两侧界面多以围栏、绿化为分隔，绿化景观形式有待进一步完善。主体街巷空间尺度较大，利于机动车通行。

桐外岙村主体街巷

（3）面状空间

桐外岙村主体街巷空间中面状空间集中在村口，包括村口公共绿地及村口广场。

村口公共绿地以城市公园的形式设置，配有鹅卵石步行道与休憩景观亭，景观风貌与乡土特色的融合有待完善。

村口入口广场结合村民活动中心联动配置，并配有健身器材、运动场地与混凝土凉亭，设施较齐备，本土特色有待提升。

村口公共绿地　　　　村口公共绿地

村口运动场地　　村口健身器材　　村口入口广场

3）天际线

桐外岙村天际线平缓，大多数建筑层数为 3 层，建筑高度较为统一。

桐外岙村天际线

4）滨水空间

桐外岙村的水系包括山溪径流与人工水渠。其中，山溪径流汇入长潭水库，其沿线多为村民住宅，以人工型驳岸为主，亲水设施有待完善。人工水渠经过建设，设施石块驳岸，乡村特色有待提升。村内滨水空间多为观赏型空间，活动空间有待完善。

山溪径流沿线

水渠　　　　　　　　桥梁

5）院落单元空间

桐外岙村典型院落单元空间如右图所示。建筑形式多样，部分建筑立面为现代欧式风格。主体建筑前方留有院落空间，部分建筑单元配有绿化景观。建筑功能一层多为车库，二层以上为居住空间，部分住宅二、三层改造为出租民宿。

单元空间建筑外观与其室内装潢具有明显的欧式风格，其单元内绿化景观以城市型景观为主，硬件设施完善，满足村民基本的居住需求，但本土乡村特色不足。

典型单元空间

院落空间　　　　　　入口空间　　　　　　住宅内景

3. 单体建筑特征

1）屋顶

桐外岙村屋顶形式多样。多为坡屋顶，其中双坡、四坡屋顶形式最为常见，亦存在硬山、悬山屋顶。桐外岙村屋顶色彩多样，色彩饱和度普遍较高，常见颜色为紫红色、蓝色、蓝绿色、灰色等。桐外岙村屋顶材质多样，包括水泥瓦、玻纤瓦、彩钢瓦、小青瓦等。

建筑屋顶

中性灰
土黄色
紫红色
蓝绿色
蓝色

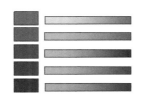

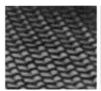

建筑屋顶材质

2）墙体

桐外岙村建筑墙体多为砖墙，组合形式多样。色彩多样，包括赭石、草绿、白色、淡黄、灰青等颜色。外墙面装饰主要为贴面类装饰，少部分为抹灰类装饰。其中，住宅建筑的贴面装饰主要为陶瓷砖，公共建筑贴面类装饰为大理石等饰面材料。

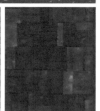

白色
赭石
草绿
淡黄
灰青色
中性灰

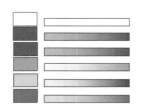

建筑墙体若干

3）门窗

桐外岙村部分建筑的门窗形式延续了其建筑外貌样式，移植了欧式建筑风格。

典型门窗

4）重要建筑构件

桐外岙村建筑重要建筑构件如楼梯、立柱等以现代建筑风格为主，模仿"欧陆风"样式的痕迹明显。

立柱与墙体　　　　立柱与墙体　　　　室内楼梯

5）装饰构件

桐外峇村建筑装饰构件普遍呈现"欧陆式"特征，室外装饰构件如门廊、柱头、窗沿等，室内装饰构件如吊顶、吊灯、立等、挂壁等均为西式风格，但其屋顶檐口仍保留了一定的传统建筑风貌，建筑装饰构件风貌欠协调。

室外装饰构件

室内装饰构件

6）建筑技术

桐外峇村采用的建筑技术较为现代，与城市住宅的建筑技术无异。

4. 设施环境

1）道路桥梁

桐外峇村道路桥梁为简易桥梁，路面为水泥路面，防护设施有待完善。

桥梁

2）广场节点

桐外峇村广场节点即村口入口广场，与村民活动中心设施联动，配有健身器材、广场、休憩亭与运动场所等。

村口广场

3）景观设施

桐外岙村景观设施具有现代城市风貌，其标识系统、扶手栏杆、街道家具如垃圾箱、路灯等均与城市所采用的景观设施相类似。其特色在于彩绘墙面，在具有乡土特色的材质如石材、墙面绘制了一系列生动有趣的卡通绘画。

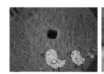

彩绘墙面

围墙　　　　　　扶手　　　　　标示柱

景观亭　　　　　　　　垃圾箱、标示牌

4）维护设施

桐外岙村维护设施包括村口的变压器、生态污水处理设施、变电站（现已废弃）。其中，变压器位于村口，用简易围栏进行维护遮挡。

变压器　　　　　　　污水处理设施

（现已废弃）变电站　　　污水处理设施

5）卫生设施

桐外岙村卫生设施主要为新建的公共厕所，位于村口的村民活动中心，白色墙面、平屋顶。

公共厕所

6）绿化植被

桐外岙村绿化植被为城市绿化景观风貌，而自然景观与乡土景观特色不足。

村口公共绿地

住宅院落内景观

5. 现状小结

以上对平田乡桐里岙村与桐外岙村的村庄建设风貌现状进行了全面细致的分析研究，结合村庄建设风貌存在的问题以及产生的原因，以下总结平田乡的村庄建设风貌形成过程。

1）1949 年前传统风貌

1949 年前，平田乡村庄建设延续了传统建设风格，同时结合近代的建筑技术，形成了近代传统风貌。传统村庄建设秉承因地制宜的建设原则，依据自然山水格局进行村庄建设。在"耕织结合"的小农经济组织结构下，传统交通方式主要是步行和水路交通，在非常有限的空间范围内进行物质交换。因此，村庄建设空间范围有限，且公共空间、建筑尺度均较小，采用传统的地方性建筑材料，如石材、木材等等，建筑技术也以传统的木构建筑形式为主。这其中，以平田乡桐里岙村为典型代表。桐里岙村内以传统木构建筑为主，风貌统一古朴，空间尺度宜人，整体结构分布较为灵活，具有传统浙南民居地方特色。

2）计划经济时期（1949—1980 年）近代风貌

1949 年新中国成立，村庄建设也掀开了崭新的一页。随着土地所有制的改变，以及主要交通方式转变为公路运输为主，伴随着农业现代化、机械化的推广，使得村庄建设风貌呈现巨大改变，形成了"水陆交错"的结构骨架。土地所有制的改变，直接导致了传统宗族组织瓦解，宗族联系开始松散，其职能减弱，社会空间也随之分化。随着生产力的提升，建造活动对自然地形风貌进行了一定的修建改建，对自然水系也造成了一定的污染。在村庄整体空间布局层面，其空间机理秩序明显改变，村落建筑呈现清晰的线型空间形式，并且村庄建设的空间尺度变大，村庄建设采用的材料类型色彩多样，原有的传统建筑风貌特色受到不同程度的破坏。

3）改革开放以来（20 世纪 80 年代中期至今）现代风貌

进入 20 世纪 80 年代，改革开放的实施，村庄建设活动增加，村庄风貌在短时间内产生了巨大的变化，形成了更为复杂化、多样化的村庄风貌特征。在此阶段内，传统农业开始向现代农业转变，并选点着力开发农业的观光旅游功能，这其中，桐外岙村则是典型代表。桐外岙村毗邻长潭水库，由于受山地地形限制，农业用地有限，村内人口多外出打工，而村庄本身凭借良好的区位条件与自然风景资源，大力发展乡村旅游业。村庄空间由密集的小体量建筑转变为大体量建筑，村庄道路由传统小尺度街巷转变为大尺度的车行道路，建筑形式与风貌与城市住宅区相差无几，但村庄总体空间布局仍与自然地形相契合，建设风貌与自然风貌有较大反差。

6. 经验与不足

1）经验

（1）因地制宜的整体村庄空间布局

平田乡桐里岙村桐、外岙村尽管村庄建设风貌特色不同，但在整体村庄空间布局上都遵循了因地制宜的布置原则，结合地形环境，形成了与自然环境较为融合的空间布局。

（2）灵活自由的室内外空间营造

根据地方气候条件与实际的使用功能，在桐里岙村的传统风貌建筑建设中，对建筑与外部空间的关系进行了良好的空间处理，通过连廊、挑檐等传统建筑构件形成室内空间与室外空间的联动，营造了灵活自由的室内空间与室外空间关系。

（3）乡村特色的步行空间塑造

在桐里岙村内，街巷空间尺度以及建筑尺度宜人，步行体验舒适，营造了良好的步行空间氛围。此外，通过具有乡村特色的铺地、本土建筑材料作为街巷界面以及将农作物作为生产性景观等手法，塑造了宜人的村庄步行空间。

桐外岙村村口广场

2）不足

（1）建筑风貌与自然环境欠协调

桐外岙村的新建住宅建筑采用新技术、新材料，建筑风貌呈现明度高、纯度高的特征，并多采用混凝土、金属、玻璃等有别于传统的建筑材料，盲目追求外来建筑形式，导致其建筑风貌缺乏地方特色，与自然环境欠协调。

（2）公共空间尺度失衡、层次缺失

桐外岙村的街巷空间以适宜机动车通行的大尺度街道为主，虽方便了机动车的行车，但忽视了步行空间与公共活动的营造，不利于乡村邻里交往与活动。传统建筑由连廊、挑檐等建筑构件所形成的空间层次缺失，建筑室内空间与外部公共空间的衔接生硬，公共空间体系中缺乏私密空间与公共空间的过渡。

（3）绿化景观缺少乡土特色

桐外岙村的村口入口广场与公共绿地采用城市公园的形式，其铺地、植被品种、路灯、垃圾桶等景观小品均使用城市公园常用材料，导致其入口广场与公共绿地呈现强烈的城市风貌，而忽视了乡土材料及农作物等生产性景观对空间环境的塑造，导致村庄建设风貌缺失了本土特色。

桐外岙村建筑群落

9.3 屿头乡

屿头乡位于黄岩区西部山区、长潭湖地区的北部，长潭湖水库的西北侧。

农业上，屿头乡已初步形成高山蔬菜、笋竹、枇杷、杨梅四大特色农业产业。工业方面主要为制造业，主要生产塑料制品、纸质品以及木材加工。第三产业方面，屿头乡第三产业以零售业为主，旅游业正在发展。

本次调研的村庄为沙滩村，包括老村、新村两部分。

9.3.1 屿头乡沙滩村

1. 村庄概况

沙滩村距黄岩城区 30 千米，属于屿头乡集镇的一部分，是屿头乡乡政府所在地。村域面积 191.3 公顷。截至 2012 年，户籍人口 1097 人，308 户；常住人口 952 人，267 户，18 个村民小组，劳动力 714 人。

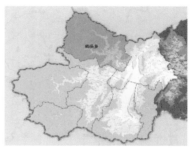

屿头乡在长潭湖地区的区位图

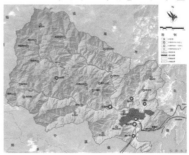

沙滩村相对屿头乡的区位图

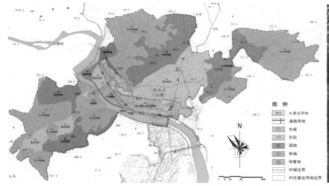

沙滩村村庄土地使用现状图

（资料来源：浙江省台州市黄岩区屿头乡沙滩村美丽乡村规划）

沙滩村村庄老村与新村范围示意图

2. 整体营建特色

1）风格特征

（1）老村

建设年代在 20 世纪 80 年代之前，主要是 1~3 层传统坡顶建筑，建筑材料主要有石材、木材、砖瓦等，整体建筑色彩为低彩度、低明度。

灰色系砖砌建筑

传统坡顶建筑

（2）新村

建设年代在 20 世纪 80 年代之后，主要为 3~5 层现代平顶或坡顶建筑，建筑材料主要运用了水泥、玻璃、铝合金、砖材等，建筑色彩呈现出高彩度、高明度。

暖黄色系混凝土建筑　　　　现代平顶和坡顶建筑

2）主体街巷空间

（1）老村

点状空间主要是老村南部的一株古树和一处照壁，线状空间则是西北至东南穿过村庄的柔极街、太尉巷、以及一些次要巷道，面状空间为村口、社戏广场、天云塘、停车场。

点状空间　　●
线状空间　　◀┅┅▶
面状空间　　▬

（2）新村

点状空间有位于沙滩村南部的村委会，以及村东南部的桥头空间，线状空间为新村主街、新村主巷，面状空间为村口，以及村内公共绿地。

点状空间　　●
线状空间　　◀┅┅▶
面状空间　　▬

3）点状空间

（1）老村

老村内共有 5 棵约 800 年的古樟树。照壁位于屿洋线与太尉巷的交叉口，与太尉巷一同形成太尉殿南面的轴线。

太尉殿前的古樟　　　　　　照壁

（2）新村

沙滩村南部村委会，底层为小商业。

沙滩村南部桥梁桥头空间，是摊贩的聚集地和集市场所。

村委会　　　　　　　　桥头空间

4）线状空间

（1）老村

老村内的线状空间以适宜步行的小尺度街巷空间为主，呈鱼骨状。柔极街为老村主街，串联太极潭、太尉殿、社戏广场等主要节点。街道两侧为商业和居住功能。太尉巷为老村主巷，是太尉殿南面的轴线，串联3棵约800年的古樟。柔极街与屿洋线之间由多条次要巷道连接，巷道以石块铺地为主，两侧界面多为居住建筑的山墙。

柔极街

太尉巷　　　　　　　　次要巷道

（2）新村

新村内线状空间以适宜机动车通行的大尺度街道为主。新村主街尺度较大，街道两侧界面为住宅，街道两旁空地用于停车。新村主巷尺度较大，巷道两侧界面为住宅或工厂，两旁空地用于停车。

新村主街　　　　　　　新村主巷

5）面状空间

（1）老村

老村村口是柔极街与屿洋线交叉口的北侧。社戏广场位于太尉殿南面，节庆时期在此举行社戏表演，平时作为村民活动广场使用。天云塘位于屿洋线旁，塘边为亲水步道。停车场位于老村南部，由竹子、柳树、梨树等绿化围合，停车场铺地为植草砖。

村口　　　　　　　　　社戏广场

天云塘　　　　　　　　停车场

（2）新村

新村村口有底层商业、集市等。新村中配有公共绿地，并配有健身设施。

村口　　　　　　　　健身场地

6）天际线

（1）老村

老村整体天际线有机变化与山体关系协调。但老村中部分新建建筑的屋顶和墙面色彩饱和度过高，与自然环境协调性有待进一步提升。

建筑天际线与山体的关系　　建筑天际线的变化

（2）新村

新村整体天际线与山体关系协调，局部缺少变化，较为呆板。但墙面色彩变化丰富，与自然环境协调性有待进一步提升。

建筑天际线与山体的关系　　建筑天际线缺少变化

7）滨水空间

（1）老村

老村内滨水空间多样，石砌驳岸和绿化等形成宜人的亲水空间。

亲水步道　　　　　　　滨水绿化

（2）新村

新村内建设了滨水绿化公园以及桥头集市。但防洪堤较高，亲水性有待提升。

滨水绿化公园　　　　　桥头集市

8）院落单元空间

（1）老村

老村内以2层的传统住宅为主。院落单元空间多为绿化，住宅前院空间通过檐下过渡空间与居住空间融合，住宅后院主要为居民放置杂物的空间。

住宅前院　　　　　　　住宅后院

（2）新村

新村内以4~5层的联排式单体为主。院落单元空间多为水泥路面，通过洗手池、晒衣架、盆栽等围合，部分作为停车空间使用。

住宅前院　　　　　　　住宅后院

3. 单体建筑特征

1）屋顶

（1）老村

老村的住宅与公共建筑屋顶形式多为坡顶，部分传统木构住宅有重檐。材质主要为瓦片，色彩主要为灰色系，与自然环境相互协调。

中性灰

传统木构住宅的重檐　　　公共建筑坡屋顶

（2）新村

新村的住宅多为坡顶，公共建筑多为平顶。屋顶上设有太阳能、水塔等设备。材质上主要使用了玻璃瓦、水泥。色彩大多为灰色系，但少数住宅使用蓝色系、红色系等高明度、高彩度的颜色。

住宅建筑坡屋顶　　　　公共建筑平屋顶

中性灰
红色
蓝色

2）墙体

（1）老村

老村内多数墙体分为墙基与墙身两部分，分隔线多位于从墙底往上约墙面高度的三分之一处。砖砌建筑多用石材作为墙基，砖材作为墙身；木构建筑则使用木墙。色彩多为灰色系、褐色系，与自然环境相互协调。

中性灰
褐色系

公共建筑砖、石墙　　　住宅石墙

住宅砖墙　　　住宅木墙

（2）新村

新村多数墙面有竖向或横向的分割线。竖向线条多根据不同的户数设置，横向线条多根据不同的层数设置。墙面多有外挂空调外机。外墙饰面主要为瓷砖、油漆，部分公共建筑会使用玻璃幕墙。建筑立面色彩多样，个别建筑的墙体色彩明度高，与自然环境的协调性欠佳。

住宅油漆墙面　　　住宅瓷砖墙面　公共建筑玻璃幕墙

住宅墙面色彩多样

中性灰
红色
黄色
蓝色
绿色
白色

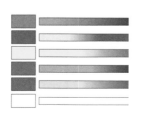

3）门

（1）老村

老村内的门主要为矩形或拱形，色彩多为灰色系、深红色系、褐色系，主要为木材。

中性灰
红色
褐色

住宅木门　　住宅木门　　住宅木门　　公共建筑木门

（2）新村

新村内的门主要为矩形，有平开门、卷帘门等形式，色彩多为灰色系、红色系、褐色系，材质上有木材、铝合金等。

中性灰
红色
褐色
白色

住宅防盗门　　住宅木门　　公共建筑卷帘门

4）窗

（1）老村

老村内的窗户形状可见矩形或拱形。窗花形式多样。色彩多为深红色系、褐色系。材料主要有木材、石材、玻璃。

红色
褐色

住宅木窗　　住宅木窗　　住宅石窗　　住宅木框玻璃窗

（2）新村

新村内窗户为矩形，多为推拉窗，色彩为绿色系、蓝色系。材质有木材、铝合金等。

蓝色
绿色
白色

住宅铝合金框玻璃窗　　住宅铝合金框玻璃窗　　住宅木框玻璃窗

5）重要建筑构件

（1）老村

传统建筑中的重要构件包括柱、梁、屋檐等。柱子有方形砖柱与水泥圆柱，梁有木梁与砖砌拱，屋檐主要由木构架支撑。色彩多为灰色系、褐色系。材质有木材、砖材、水泥等。

中性灰
褐色

住宅砖柱　　　　　　　　公共建筑木梁

住宅屋檐结构　　　　　公共建筑砖砌结构

（2）新村

新村内的重要建筑构件主要为柱，有矩形与方形。部分住宅使用欧式的柱子，与整体环境协调性有待提高。色彩多为灰色、白色系。材质有木材、水泥、瓷砖、铝合金等。

中性灰
白色

住宅水泥柱　公共建筑木柱 公共建筑砖柱　　公共建筑铝合金柱

6）装饰构件

（1）老村

老村内住宅屋檐构件多采用榫卯结构，栏杆、墙面也有部分水泥装饰。公共建筑的装饰更为精细，如旧乡公所柱头的"万年青"装饰。色彩多为灰色、褐色系。材质有木材、水泥、铁等。

中性灰
褐色

住宅屋檐构件　住宅屋檐构件　　公共建筑柱头装饰

住宅的栏杆装饰　　　　公共建筑门面装饰

住宅墙面装饰

（2）新村

新村内建筑栏杆、墙面等装饰多为欧式风格。色彩多为灰色、白色系。材质有水泥、铝合金等。

住宅铝合金栏杆装饰　住宅墙面与栏杆欧式装饰

中性灰
白色

7）建筑技术

（1）老村

建筑结构方面，老村的住宅多使用木结构与砖砌结构，公共建筑多使用砖砌结构。

建筑节能方面，出于对地形因素的考虑，老村的住宅多为东西朝向。采用自然采光通风，木墙、石墙的保温性能有待提升。

木构建造技术　　　　砖砌建造技术

（2）新村

建筑技术方面，新村的建筑以混凝土结构为主。住宅有独栋别墅、联排住宅、多层住宅等形式；公共建筑主要为多层。

建筑节能方面，新村的住宅多为南北朝向。采用屋顶太阳能热水器，使用空调改变室内外温度，混凝土外墙保温性能相对较好。

多层住宅建造技术　　独栋别墅建造技术

4. 设施环境

1）道路桥梁

（1）老村

老村内的主要道路为屿洋线，两侧为低层住宅与滨河绿化。主要桥梁为通往东坞片区的桥梁。

老村道路　　　　　　老村桥梁

（2）新村

新村内的主要道路为屿洋线，两侧为联排住宅与滨河绿化。主要桥梁为通往屿头村的桥梁。

新村道路　　　　　　新村道路

2）广场节点

（1）老村

老村内广场的铺地采用天然卵石、石块等，具有乡土特色。

古树广场

活动广场

（2）新村

新村内的铺地采用地砖，乡土特色有待提升。广场上配置健身设施。

健身广场

滨水公园广场

3）景观设施

（1）老村

老村内一系列景观设施具有乡土特色，与自然环境相互协调。滨水栏杆使用现代材料表达传统图案，入口标识使用本地石块进行篆刻，堤岸景观亭造型传统，公共厕所洗手盆通过废弃猪槽改造而成。

滨水栏杆

入口标识

堤岸景观亭

公共厕所洗手池

（2）新村

新村内景观设施乡土特色有待提升，景观亭的色彩与自然环境的协调性有待完善。滨河景观设施的形式人工化痕迹较重。

景观亭

滨河景观设施

4）维护设施

（1）老村

老村内池塘驳岸通过碎石铺地，小道与绿化间隔层叠布置形成景观坡地，作为维护设施并形成景观亲水步道。

池塘驳岸景观维护坡地

排水设施

（2）新村

新村的道路与街巷旁设有排水沟渠。

街巷旁排水沟渠 道路旁排水沟渠　　电线杆与交通管理局

5）卫生设施

（1）老村

老村内垃圾桶使用木质，垃圾桶顶部
种植植物。公共厕所使用现代的材料，表
达传统的建筑形式。

垃圾桶　　　　　　老村公共厕所

（2）新村

新村内垃圾桶为塑料绿色垃圾桶。公
共厕所为独栋平顶单层建筑，白色瓷砖外
立面，形式特色有待提升。

垃圾桶　　　　　　公共厕所

6）绿化植被

（1）老村

老村内多使用适宜在本地生长的植
物，如枇杷、杨梅、竹子等，具有乡村特色。

杨梅村　　　　　　竹林

（2）新村

新村内绿化布置有待完善，乡村特色
有待提升。

滨河绿化　　　　　新村绿化

5.现状小结

屿头乡沙滩村的风貌特色形成过程可按时间阶段划大致划分为建国前、计划经济时期和改革开放以来三个阶段。

1）1949年前的风貌

在传统宗族社会的组织方式下，村庄产业构成以传统农业为主。传统建筑的选址、建筑群落布局尊重环境，形成了枕山、环水的空间格局。村落空间以太尉殿为核心，村庄建设风貌与自然环境相互协调。由于邻近柔极溪，沙滩村的建筑运用了自然、本地的材料。如石材，主要用于砌筑墙基和墙身；卵石用来砌墙、铺路、驳岸、筑篱、砌水沟。住宅建筑为木结构，木制的桁条、椽子以及板壁、门窗，"人"字形屋架。砖和瓦都由泥土烧制，用以铺屋面、砌墙等。

2）计划经济时期（1949—1980年）的风貌

1949年后，沙滩村实行了分田到户的土地改革，沙滩村农村生产合作社从初级社发展到高级社，规模也扩大到几个村落为一个公社，在这一时期建造了许多的乡村公共建筑。这些公共建筑质量较好，至今保留完整，框架结实，外墙是直接由砖墙砌成的清水墙面，并进行简单的勾缝，体现出高质量的砌砖工艺，灰浆饱满，砖缝规范美观，具有较好的观赏和使用价值。"文化大革命"期间，村落中太尉殿功能减弱，乡公所公共服务职能凸显，并承担村落入口的功能。形成以乡公所为节点的村落入口。公共建筑的出现延伸并丰富了主街主巷的长度和两侧界面，总体上形成了沙滩村较为完整和传统有机的街巷空间，丰富和发展了村庄建设风貌。

3）改革开放以来（20世纪80年代中期至今）的风貌

1978年改革开放以来，村庄的生产、生活方式发生了巨大的变化。随着市场经济的发展，乡镇企业的崛起，外出务工人口逐步增多，传统农业收入在村民收入所占比重中降低。住宅与公共建筑的建设以简单实用为主，建设风貌有待提升。乡政府搬迁至沙滩村东部并成为新的屿头乡集镇中心，新建的街巷空间主要考虑机动车通行的要求，尺度较大；新建的公共绿地，并未融入村落街巷空间，使用频率较低。

2010年，浙江省开始实行"美丽乡村"计划，以改善农村生产生活生态环境为目标，实施村庄整治和美丽乡村建设。沙滩村的村庄建设风貌进入了新的阶段。通过保留并改建以

1949年前空间肌理

计划经济时期空间肌理

改革开放以来空间肌理

公共生活为主的传统街巷空间，通过旧建筑再利用、废弃地改造等措施，形成新的街巷空间节点要素，恢复沙滩村太尉殿片区主体街巷空间的公共活力，提升了环境品质。村庄的建设风貌在尊重村庄的文化根源同时，强调了乡土特征及传承创新。

6. 经验与不足

1）经验

（1）老村建筑群落布局与自然环境相互协调

老村的建筑群落布局把环境放在首要地位，形成了枕山、环水的空间格局。建筑形式、高度、色彩都与自然环境相互融合，并使用本土的材料，具有较好的乡土特色。

（2）老村适宜步行的小尺度鱼骨状街巷空间

老村的街巷空间尺度宜人，并通过重檐、柱廊等丰富了街道界面，创造了不同的空间层次，促进邻里交往。鱼骨状街巷也使步行体验丰富有趣味。

（3）老村传统建筑的功能再生

通过旧建筑再利用、废弃地改造等措施，恢复沙滩村太尉殿片区主体街巷空间的公共活力。使用现代的建筑材料，表达传统的空间形式。传统老建筑在保留建筑历史风貌的基础上，通过构件置换和室内装修改造等方式使之符合新功能使用需求。村庄的建设风貌在尊重村庄的文化根源同时，强调了体现乡土特征的传承创新。

2）不足

（1）新村建筑的风貌与自然环境不协调

新村建筑忽略了与周边建筑和街道的关系，缺少地方特色。色彩和材质较为突兀，与自然环境协调性有待提升。

（2）新村街巷尺度过大，不适于步行

新村的街巷尺度以适宜机动车通行的大尺度街道为主。街道两侧界面为住宅，街道两旁空地用于停车，难以形成宜人步行系统。

（3）新村广场与绿化缺少乡土特色

新村的广场与绿化的配置盲目地模仿城市，使用瓷砖等城市广场常用的铺地材料及非本地的树种，乡土风貌特征有待提升。

沙滩村老乡公所

沙滩村老街房屋

9.4 富山乡

富山乡位于黄岩区西南部，同时也是长潭湖地区的西南部。东与宁溪镇毗邻，西南与永嘉县交界，北与上郑乡相连。距黄岩城区 56 平米，全乡总面积 54 平方千米。下辖 19 个行政村，总人口为 12 008 人。

本次调研的村庄为富山乡的半山村。

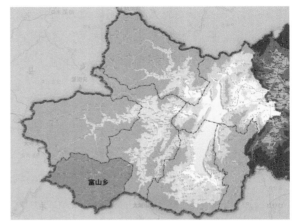

富山乡在长潭湖地区的区位图

9.4.1 富山乡半山村

1. 村庄概况

半山村距离富山乡乡驻地 5 千米，村域面积 203 公顷，村庄面积约 23 公顷，人口 576 人。

半山村主要产业为农业、旅游业、养殖业。村落保有较为完好的木构、石头等材质传统民居，建筑依山傍水、鳞次栉比地分布在两岸，空间层次丰富。

历史上，半山村曾是富山乡乡政府所在地，1996 年乡政府易地安山村。如今依托良好的旅游资源，半山村已形成集休闲、观光、餐饮为一体的生态休闲度假旅游村。

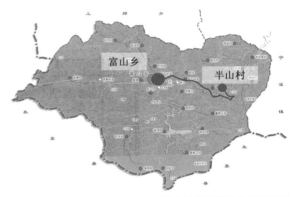

半山村相对富山乡的区位图
（资料来源：台州市黄岩区村庄布点规划）

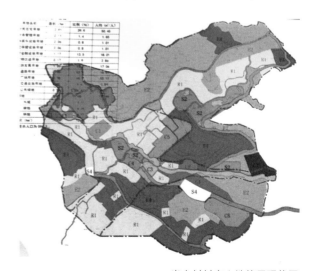

半山村村庄土地使用现状图
（资料来源：台州市黄岩区富山乡半山村传统村落保护发展
规划 2014–2030）

2. 整体营建特色

1）风格特征

半山村整体空间布局有特色。溪流从中间将半山村分割为南北两部分，与步道合而形成村庄的主要街巷空间，两侧的建筑依地势修建，高低错落，空间层次丰富，与山地环境有机融合。现存最早的建筑可以追溯到清朝嘉靖年间，同时也有清末民国初、1949年初期及改革开放后各时期的建筑，风格类型多样。

建筑布局以传统院落式为主。传统的木构、石材建筑等多为重檐坡屋顶形式，以两层为主，构成村庄整体风貌，其中穿插布置了数栋现代混凝土建筑。

半山村整体风貌

沿溪节点风貌

传统建筑风貌

新建建筑风貌

2）主体街巷空间

点状空间有古树、古桥、文化礼堂、村委会、商店等。线状空间为串连整个村落的小溪以及与之相伴的主要步道。

面状空间包括了停车场、体育活动广场、鱼塘、村委会广场等。

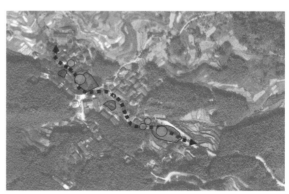

点状空间　　●
线状空间　　◀▪▪▶
面状空间　　▬　　　　　　　　　　　　　　　主体街巷空间

点状空间

线状空间

面状空间

（1）点状空间

村内点状空间包括古树、古桥、体育活动广场、文化礼堂、村委会、商店等。

点状空间主要沿着以溪流为主线的街巷空间分布。

古树古桥

儿童游憩场所

村委会

文化礼堂

（2）线状空间

受地形以及已经形成的建筑布局空间限制，村内难以建设车行道路，主要通道是沿溪而建的步道，呈东西向连贯村庄。

街巷道路铺地以当地的石材为主，与周边建筑风格统一。

步道与溪流相互交错，互为一体，形成村庄的主要街巷空间。步道两旁民居高低错落分布、层次明显，空间丰富。

主要街巷空间

主要街巷空间

主要街巷空间

主要街巷空间

（3）面状空间

以村庄入口的文化礼堂前广场、村庄中部的村委会建筑院落、体育活动广场为代表，对村庄整体空间有较大影响。

村口停车场

村口游客休憩广场

村庄鱼塘

主要公共设施组团广场

3）天际线

整体的布局高低错落、层起彼伏，空间布局有机连续，天际轮廓线自然统一。

目前村庄的建筑层数以2~4层为主，风格较为统一。许多古树名木点缀其中。建筑的主要背景界面以山体为主，与山体轮廓线协调自然。

传统院落式空间天际线

新建建筑与山脊线的关系　　滨水空间与山脊线的关系

4）滨水空间

村内有多处桥梁，沿着主要街巷分布，传统和新建形式兼有。传统的桥建造材料以石条、石块为主，简洁实用。新建桥梁基本为木或石桥，为安全考虑，都设置了护栏。

传统屋前石板桥　传统汀步石桥　传统主要步道石桥

村内亲水设施主要通过传统的石阶下到河岸，利用溪石自然形成汀步，形成与自然融洽的亲水环境。

新建村口石桥　　新建木桥　　新建通车石桥

5）院落单元空间

（1）传统建筑

传统住宅以2层的院落式、独栋式为主。院落作为半公共空间，形成邻里间相互交流的场所，同时使乡村的生产生活能够有机结合。住宅多为独栋，配以小型院落形式的半开放空间。

传统独栋单元空间

（2）新建建筑

新建建筑以 2~4 层混凝土的仿古建筑为主，多独栋修建，配以小型院落，分散于全村。基本满足现代生活功能要求。

新建住宅单元空间

3. 单体建筑特征

1）屋顶

（1）传统建筑

传统建筑的屋顶多以重檐悬山顶为主，形制统一。采光，保温隔热的性能较低。材质为泥瓦片，色彩以灰色为主。

传统建筑屋顶

中性灰　

（2）新建建筑

新建建筑中多见硬山顶、平屋顶。材质使用琉璃瓦、混凝土等。色彩以灰色为主。

新建建筑屋顶

中性灰

2）墙体

（1）传统建筑

传统建筑墙面材质就地取材，以本地的灰色石头、青石、木材为主。外墙尺度适宜，形式多样，有一定的虚实变化。

传统建筑墙面

中性灰
青灰
赭石

（2）新建建筑

新建建筑色彩种类较多，部分与村庄基底色彩关系不协调。常用材质有石灰、水泥、面砖等。

新建建筑墙面

白色
中性灰
暖灰

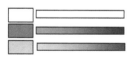

3）门

（1）传统建筑

传统建筑的入户大门大多是双扇门，其余以单扇门为主。含内院的住宅多采用台门形式。材质以木为主，易腐，不耐火，密封性较差，但与传统建筑整体风貌一致，具有地方特色。

传统建筑的门

赭石

（2）新建建筑

新建建筑的门以推拉门和平开门为主。轻质，强度高，密封性好，耐腐。但样式较单一，地方特色有待提升。材质主要有木、铝合金、玻璃等。色彩有蓝色、金属色、赭石等。

新建建筑的门

蓝色
金属色
赭石

169

4）窗

（1）传统建筑

传统建筑的窗形式多样，窗框有正方形与矩形两种形式，窗花有简单的几何图形，也有传统花纹式窗条。窗条有方条形，圆形等。形式多样；开窗形式有双开式、全开式及封闭式。石板房有矩形及拱形两种窗框；窗花有传统花纹式、简单几何图形式；开窗形式有双开式、全开式等。整体视觉效果美观考究，但采光保温性能、实用性有待提升。

传统建筑的木、石窗

中性灰
赭石

（2）新建建筑

新建建筑中的窗常见有现代与仿古式做法，材质上以塑料、铝合金、玻璃等为主。色彩有蓝色、金属等。

新建建筑的窗

蓝色
金属色

5）重要建筑构件

（1）传统建筑

传统建筑中的重要构件包括了柱础、柱、斗拱、雀替等。柱础多以圆形、方形花岗石为主。梁柱的形式规模依建筑形式与主人身份相关。部分斗拱、雀替的样式、图案丰富，艺术价值高。色彩为灰色、赭石色等。

传统建筑梁柱

中性灰
赭石

（2）新建建筑

新建建筑中的重要构件主要包括梁、柱等。梁柱多以外露为主。材质有混凝土、石条、砖等。色彩有灰色、白色等。

新建建筑梁柱

中性灰
白色

6）装饰构件

（1）传统建筑

传统建筑的装饰构件以景窗、栏杆、梁柱花纹、灯饰、院门等为典型形式。小型装饰构件点缀在建筑各个角落，与居民日常生活息息相关，增加了居民生活环境的情趣，丰富了村落的空间。材质有木、黏土等。色彩以灰色和赭石色为主。

传统村落装饰

中性灰
赭石

（2）新建建筑

新村的装饰主要源于两方面。首先是新建建筑的装饰，如护栏、景窗、灯饰等，色彩明亮鲜艳。其次是因村庄旅游发展，许多具有标示性的符号随处可见，如门牌、指示路标等。

新建村落装饰

7）建筑技术

（1）传统建筑

传统建筑的选址依山傍水，因地制宜。建筑对朝向的考虑次于地形，朝向依地形变化而变化。房屋以梁柱结构为主，以砖石、木、竹、树皮等作为维护材料。围墙以叠石垒砌、木工栅栏等为主。

传统木构建造技术

（2）新建建筑

新建建筑选址比较灵活。考虑房屋建造的经济性与功能性，主要以南向为主，部分为东西朝向，多为砖混、框架结构形式，以砖、混凝土为主要材料。护栏多以水泥柱式为主，围墙、堡坎多以水泥浇筑而成。

现代混凝土等建造技术

8）建筑节能

（1）传统建筑

传统建筑利用天井自然采光通风。总体来说，采光、通风有待提升，室内较潮湿。南侧屋顶比北侧出檐多，用以遮蔽雨水和阳光。多采用庭院绿化改善小气候，形成自身平衡系统。

传统木建筑外表面　　传统建筑室内　传统建筑外墙面

（2）新建建筑

新建建筑设计修建时充分考虑采光、通风的需求。

新建村委会　　　　　新建民宿外立面

4. 设施环境

1）道路桥梁

因旅游发展，村庄设置有明显的道路标识与地图指示。

村落的广场节点类空间在村中分布较为均匀，形成收放自如的空间格局。小广场多配以休憩座椅等，有围合、开放、半开放等形式，配合地形高差因素，空间形态丰富多样。

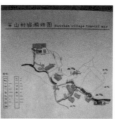

村入口处旅游地图　　　　　　　　标示牌

居民游憩休息空间　　　　入口处广场节点

2）景观设施

桥梁栏杆采用石、木材等材质，形式简洁质朴，高度与尺度适宜。

挡土墙多采用天然石材堆砌，形成直面墙或斜面墙，简洁实用。

桥梁栏杆

不同类型的挡土墙

村内景观小品形式丰富，数量众多。除了休闲座椅、亭台等形式的景观小品外，也有为儿童设置的具有游憩功能的景观小品。其材质以木质、竹制居多，与村庄整体环境相协调。

景观小品

儿童游憩设施

3）卫生设施

垃圾桶以活动式塑料材质为主，颜色多为绿色，比较醒目。

垃圾桶摆放

4）绿化植被

注重古树名木的保护。多以本地树种为主，尤其是常见性的瓜果花草作为村落的主要绿化植被。

村口绿化植被　　　　　　村中步道两侧绿化植被

住宅院落绿化植被　　　　　农家田园植被

5. 现状小结

富山乡半山村村庄最早建于元末明初，至今保存下来较好的传统房屋有清代三座，其他大多建于民国时期和 1949 年后。它的风貌特色形成过程可按时间阶段划大致分为 1949 年前的传统风貌、计划经济时期的近代风貌和改革开放以来的现代风貌三个阶段。

1）1949 年前传统风貌

传统村民居住建筑多为典型的浙东山地建筑。坡屋顶硬山墙，木构加块石砌墙、条石作基础和道路铺装。建筑背山面水，沿溪流一字排开布局，在垂直溪流方向，建筑向山体方向纵深布局，高低错落有致。半山村的古庙主要有半山堂、下堂灵云庵和赤水庙。此外，半山村有保存完好的古堰坝两座，与石汀桥、环绕周边的旧宅、古道、老树、群山浑然一体，古朴自然。

2）计划经济时期（1949—1980 年）近代风貌

传统建筑多为两层木构结构，房屋木构多以桑树为材，承重墙由溪石堆积而成。部分传统房屋保存情况较好，部分进行了重新装修，如将木窗改为玻璃窗，但整体保持原貌。若干房屋经历"文化大革命"冲击，房屋横梁上的木雕被拆下或凿毁，墙面留下如今依然依稀可见的大字体。少数木构房屋历经风吹雨淋，已经部分坍塌。

3）改革开放以来（20 世纪 80 年代中期至今）现代风貌

20 世纪 80 年代以来形成了一批新建建筑，主体结构为钢筋混凝土结构或砖混结构，层数约为 3~4 层，风格样式为现代平屋顶楼房，为旅游服务功能。其高度、色彩和外立面形式与当地传统风貌的协调尚有不足。现代风貌建筑大多主体结构完好。新建村民住宅用地主要集中在水系的南北侧，房屋大部分以风貌建筑为主，建造相对集中。历史建筑缺少维护，传统风貌有一定程度的破坏。有部分建筑与整体风貌不太协调，一定程度上影响了村落的历史风貌。历史建筑多保留了主体结构，但部分因年久失修致使质量欠佳，若干历史建筑的墙体、屋顶等结构等受到不同程度的损坏。

6. 经验与不足

1）经验

建筑类型多样，空间形态丰富。半山村有从嘉靖年间、清末民国初、解放初期、改革开放后以及新世纪以来各时期的建筑，建筑类型丰富，具有较好的研考价值。以木构、石材的建筑为主，构成半山村建成环境的主要特色。

2）不足

（1）缺乏有效管控

现代建筑物对于传统建成环境风貌有不同程度的影响。新建民居、桥梁、垃圾桶等设施的风格与色彩等与环境的协调性有待提升，有效管控与补救很有必要。

（2）旅游发展已初步起步，配套服务设施有待完善

伴随乡村旅游的发展，半山村不断增设各种服务设施，新建设施的风貌应与村庄整体风貌统一协调，构建一个宜人、优美的山地村庄。

顺应地形建造的村民住宅

9.5 上郑乡

上郑乡位于黄岩区西端。东与宁溪镇接壤，南靠富山乡，西与永嘉县毗邻，北与仙居县交界，距黄岩城区 44 千米，乡域总面积 79 平方千米。下辖 24 个行政村，总人口为 13 268 人。宁（溪）上（郑）公路与上（郑）圣（堂）乡道贯穿乡境中部，是该乡的主要对外交通干道。

上郑乡地处山区，境内山峦叠起，黄岩溪发源于该乡的大寺基，黄岩溪自西至东贯穿全境。受自然条件限制，村庄大都分散布置，农民自建房缺乏统一规划布局，各村联系不便，尤其是西部高山地带，居民生活条件有待提升。

本次调研的村庄有大溪坑村、大溪村以及坑口村。

9.5.1 上郑乡大溪坑村

1. 村庄概况

大溪坑村位于上郑乡西部地区，村庄建设用地面积约为 1.2 公顷。现有人口为 274 人，共有 80 户。

大溪坑村的产业以农业为主，主要农产品有葱、栗子、橙子，村内还有粮油加工厂、丝绵厂等小型企业。

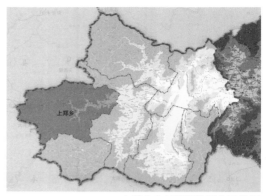

上郑乡在长潭湖地区的区位图

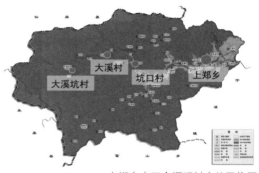

上郑乡中三个调研村庄的区位图
（资料来源：黄岩区上郑乡村庄布点规划）

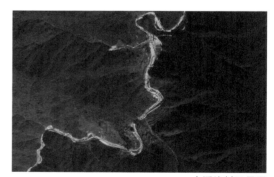

大溪坑村卫星图
（资料来源：百度地图）

大溪坑村相对上郑乡区位图
（资料来源：黄岩区上郑乡村庄布点规划）

2. 整体营建特色

1）风格特征

大溪坑村的整体风貌为传统风貌，主要的居住建筑均为传统形式，建筑年代从1949年前，到1949年后、计划经济时期以及近年新建均可见，不同年代建筑风格有所差异，但整体色彩、尺度关系尚统一。村落的形态与自然山地水体有机融合，建筑布置顺应地形，与农田有机融合。但是部分老建筑的建筑质量不佳，现存大量废弃空置建筑。

大溪坑村的公共建筑基本为近年新建的，包括公共服务设施以及基础设施等，外观形式与传统形态风格的协调性欠佳。

新建公共建筑　　　　传统住宅风貌

传统住宅整体风貌

2）主体街巷空间

大溪坑村中央被一条主要道路穿过，在北侧村口处有一处古树节点，与村口桥头一起形成一处点状空间。

由于大溪坑村规模较小，穿过村庄的主要道路形成村庄的主要线状空间。

点状空间　●

线状空间　

主体街巷空间

（1）点状空间

大溪坑村村口有两株古树，与旁边的桥头一起形成具有标识性的空间。但此处空间的品质有待提升。

村口古树

（2）线状空间

村内沿河主要道路也是与外部联通的主要车行道路，已铺设水泥路面，沿路主要是住宅建筑，很多已经空置，界面零散。

主要道路

3）滨水空间

由于大溪坑村被河流穿过，村内有多处桥梁联系河两岸，桥梁均为新建，以混凝土材料为主，可供车辆通行，形式较为简单。

村内的亲水设施主要为沿溪的几处可下至溪边的台阶，形式简单，满足基本功能要求。

河流的驳岸部分为石块堆砌而成，部分为混凝土。

滨水岸线　　　　　　　滨水设施

村内桥梁

4）院落单元空间

大溪坑村内常见三种单元组合形式。

一是并行排列作为最为普通的排列形式，由多栋单体建筑并排形成一组单元。

其次，由于村内地形复杂，也可见建筑依据地形有机排列组合，形成一个院落单元。

另外，长条排屋也是村内一种具有特色的建筑单元。一长条连续建筑，为多户联排的形式，共享连片屋顶、檐廊与前后院。

并排排列的住宅　　　　有机组合的住宅

长条排屋　　　　　　　　　　　　　　　　　　　　长条排屋

3. 单体建筑特征

1）屋顶

大部分住宅屋顶为硬山顶，等坡对坡。部分有重檐。传统住宅建筑屋顶多为深灰黑色、赭石色。部分新建建筑采用较为明亮鲜艳的颜色。大部分住宅采用传统瓦片屋顶。新建建筑选用反光度较高的屋面材料。

中性灰
赭石

屋顶形式

瓦片屋顶

新旧屋顶对比

2）墙体

传统住宅建筑以深色、暗色为主，主要为灰色、褐色。部分建筑经过修缮，采用白色涂料，整体色彩素雅整洁，与浅灰色墙面基本协调。村内常见的墙体材质有石、木、砖等。其中传统建筑山墙以石墙为主，正立面以及内部采用木质隔墙和砖墙混合。新建建筑基本采用砖墙。

中性灰
赭石

砖墙

石墙

砖墙上涂料

木质隔墙

3）门窗

村内常见的门窗材质有木、玻璃等。传统住宅的窗户均为木质，与如今的使用要求有差距。大部分住宅采用木窗框与玻璃窗。因此门窗色彩多为透明、赭石和灰色。

中性灰
赭石
透明

木质门窗　木质窗框与玻璃

木质单开门、玻璃窗木质窗框

4）重要建筑构件

村中传统建筑主要为木质梁柱结构，可见精致的榫卯结构，装饰较少，形式简朴。

部分建筑在敞廊处使用了石柱，柱础与柱头稍有变化，形式较为朴素。

木梁柱结构　石柱

5）建筑技术

村中建筑布置以顺应自然地形为主，不拘泥于固定的朝向与间距。

石砌墙体也是村内显著的建筑技术特征，石砌的手法运用较多，包括挡土墙和建筑围墙等。

建筑布置顺应地形

石砌挡土墙　石砌围墙

4. 环境设施

1）道路桥梁

村庄处于山地中，村内小巷的高差变化较多，由两侧建筑砖墙、石墙限定出街巷空间，空间较为狭窄，也有部分小路毗邻开敞的农田空间。村内道路尺度较小、空间狭窄，但富于变化，景观颇具韵味。同时，通行便捷性有待提升。

村内多处桥梁均为新建，混凝土材质，可供机动车通过。

村内小巷　　　　　　　　村内小路

桥梁

2）景观设施

村庄以自然景观为主，人工设施较少。邻近村委有一处健身器材，色彩鲜艳，但与自然环境的协调性有待提升，使用效率不高。

健身器材

3）卫生设施

村内垃圾收集点采用绿色塑料材质垃圾桶，露天放置。

村内有多处公共厕所，均为小体量的独立建筑，形制较新。墙体以灰白瓷砖贴面，屋顶浅蓝色瓦片，与环境的协调性有待提升。

垃圾桶　　　　　　　　公共厕所

9.5.2 上郑乡大溪村

1. 村庄概况

大溪村位于上郑乡西北部地区，以横穿村庄的主要道路与乡镇联系。村庄建设用地面积约为 4.8 公顷，现有人口为 248人，共 79 户。村内以农民新建住宅为主。

大溪村现产业以农业为主，主要农产品有水果、山药、辣椒、平菇、生菜等，正建设优质莳药种植基地。同时还有刚玉、铁矿、白钨矿、锰等矿产资源。黄岩大溪瀑布位于该村，自然景观资源具有优势。

大溪村卫星图
（资料来源：百度地图）

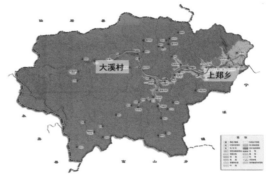

大溪村相对上郑乡区位图
（资料来源：黄岩区上郑乡村庄布点规划）

2. 整体营建特色

1）风格特征

大溪村有较多新建村民住宅，以靠近主要道路为主，层数在 3~4 层，均以灰白色瓷砖贴面，以行列式形式排列，多栋联排，多在一层形成连廊灰空间。

村内还留有部分传统住宅，2~3 层为主，与新建住宅相参杂，构成了村庄整体的风貌特征。

村庄整体风貌

村庄整体风貌

村庄整体风貌

2）主体街巷空间

村内的点状空间包括位于主要道路旁
的古树，村中的旧村委前广场。线状空间
包括了从村庄北侧穿过的主要道路以及与
之垂直进入村庄的入村主路。

点状空间　●
线状空间　◀- - -▶

主体街巷空间

（1）点状空间

大溪村入口车行道与河流之间有一株
大树，有一定标志性。

入村主要道路正对旧村委，入村道路
在村委旧房前分叉，一块空地，两面建筑
围合、一面为农田。

旧村委前广场　　　　　　　　村口古树

（2）线状空间

外部车行道路从村前穿过，沿路的
新建住宅体量也相对较大，入村主路相
形之下显得狭窄。主路只是从住宅建筑
的山墙之间穿过，由特殊卵石铺地，界
面有待提升。

村向外道路　　　　　　　　　入村主路

3.单体建筑特征

1）屋顶

（1）传统建筑

传统建筑的屋顶以硬山顶为主。材质
上多使用瓦，色彩以中性灰为主。

中性灰　　　　

传统住宅硬山顶

（2）新建建筑

新建建筑的屋顶出现了平屋顶、坡屋顶等，多带有天台。材质有混凝土和瓦等，色彩上除了中性灰，还有蓝色等。

中性灰
蓝色

新建住宅平屋顶   部分天台坡屋顶

2）墙体

（1）传统建筑

传统建筑的墙体多用自然的材料，包括木、石等，色彩以中性灰色、赭石色为主，与自然环境较为协调。

中性灰
赭石

砖石砌墙   木质隔墙

（2）新建建筑

新建建筑墙体材质有混凝土、砖、彩色面砖等，色彩丰富，部分彩度、明度较高，部分立面运用面砖拼贴一定图案纹理。

中性灰
白色
黄色
红色

彩色面砖墙体

3）门窗

（1）传统建筑

传统建筑有石拱券窗户、木质门窗等，部分经过后期修缮，使用玻璃窗。部分门窗框油漆为彩色。门窗色彩主要有中性灰、赭石、青蓝。

中性灰
赭石
青蓝

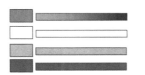

带拱券窗户   彩漆木门   彩漆木框玻璃窗

（2）新建建筑

相对传统建筑，新建建筑的窗墙比更大，大都采用推拉窗，新建建筑的门窗框颜色更为鲜艳。材质主要有铝合金、玻璃，色彩主要为透明玻璃、墨绿和白色。

新建建筑立面开窗

透明
墨绿
白色

4. 环境设施

1）道路桥梁

入村主路部分卵石铺地加以标识，两侧为建筑山墙限定，界面有待提升。

邻对外道路的新建住宅前的宅前道路为混凝土路面，沿路住户底层开设小卖部、棋牌室等，道路较宽，符合停放车辆的需求。

村内其余支路较窄，部分路面经过混凝土铺设，部分为石块铺地

入村主路　　　　　　　　　　住宅前道路

村内小路　　　　　　　　　　村内小路

2）景观设施

村口和村内均设置了健身器材，使用率不高。

入村主路的铺地设置了一些图案，有钱币花纹的内容。

村口健身器材

村内健身器材　　　　　　　　特色铺地

3）卫生设施

村内垃圾收集点采取垃圾收集池的形式，白色瓷砖贴面墙体，红色双坡屋顶。

村内公共厕所采用白色粉刷墙面，绿色双坡屋顶。山墙兼做宣传栏。

垃圾桶　　　　　　　　　公共厕所

4）绿化植被

村口绿化带兼有与外部道路的隔离的功能，品质有待提升。

宅间空地大多用作田地，种植农作物。

村口绿化带　　　　　　　宅间田地

9.5.3　上郑乡坑口村

1. 村庄概况

坑口村位于上郑乡中部地区，主要道路穿越村庄向东南通往乡驻地。村庄建设用地面积约为 2.4 公顷。现有人口为 517 人，共有 139 户。

坑口村现产业以农业为主、主要农产品为芜菁、葱、黄绿苹果等，还有耐火黏土、车轮矿、铂金红石、绿石等矿物资源。下坑水电站位于坑口村。

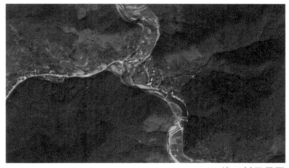

坑口村卫星图
（资料来源：百度地图）

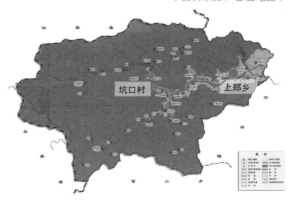

坑口村相对上郑乡区位图
（资料来源：黄岩区上郑乡村庄布点规划）

2. 整体营建特色

1）风格特征

坑口村以近年来新建的农民住宅为主，层数在 3~4 层左右。住宅形式多样，色彩、材质、尺度等有待协调。村内还存有部分传统住宅建筑，建筑质量有待提升，有的局部经过修缮改造。

村内现存旧祠庙一处，外墙经过粉饰。村内原有老戏台经由改造，成为村文化礼堂，形制基本保留。

村庄整体建筑形制多样，部分新建建筑风貌较为突兀，村庄整体风貌有待提升。

坑口村村庄风貌

2）主体街巷空间

村内点状空间包括村口两株古树、村委，村内文化礼堂，以及一处祠堂。线状空间包括滨水主要道路，在村庄南侧穿过，连接诸多主要公共建筑。位于村口在主要道路与过河桥梁之间有一处空地，形成一处面状空间。

点状空间　●
线状空间　◀▬▶
面状空间　▭

主体街巷空间

（1）点状空间

村口有两株古树，并与桥头相连，树干粗壮，树冠茂盛，使得空间具有较强标志性。

现村委会为一处三层新建建筑，粉色面砖，平顶，局部采用西洋柱式。

村内文化礼堂由原戏台改建，基本保留传统外观。

祠堂为保留的古建筑，大致建于清末，目前空置。

古树节点　　　　　　　　　　　古树节点

文化礼堂　　　　村委　　　　祠堂

（2）线状空间

沿河为村庄主要街道，混凝土路面串联起主要的公共建筑。

（3）面状空间

文化礼堂前退让出一片较空旷的广场，与桥头一并形成一处面状空间。

线状空间

面状空间

3）滨水空间

滨水驳岸主要为混凝土材质，人工化痕迹明显。

村内的亲水设施主要是沿河的可下至水面的台阶，混凝土材质，功能性为主，形式简朴，部分设置了金属扶手。

驳岸　　　　　　　　　　　　亲水设施

亲水设施

3. 单体建筑特征

1）屋顶

（1）传统建筑

村内传统建筑的屋顶以硬山顶为主。主要材质为瓦，色彩主要为灰色。

中性灰

传统建筑硬山顶

（2）新建建筑

村内新建建筑的屋顶有平屋顶、坡屋顶等，部分带有天台。主要材质包括瓦、混凝土等，色彩有灰色、蓝色等。

中性灰
蓝色

新建建筑坡屋顶

2）墙体

（1）传统建筑

传统建筑墙体的材质主要有石、木、砖，色彩有贴近自然，主要为灰色、赭石色，部分为白色。

其中，较为特殊的是祠堂的院墙，粉刷为白底，绘制有鲜艳的装饰画。

传统建筑砖木混合墙体　传统建筑砖石混合墙体　带装饰画院墙

中性灰
赭石
白色

（2）新建建筑

新建建筑墙体的材质主要有混凝土、砖、彩色面砖，以浅色、暖色为主，如暖灰色、白色、黄色、红色。部分色彩彩度、明度较高，并会运用面砖拼贴成一定的图案纹理。

新建住宅瓷砖贴面砖墙

暖灰
白色
黄色
红色

3）窗

（1）传统建筑

传统建筑中可见石过梁方形窗户、带拱券窗户、木质方窗，部分还带有较为精致的窗花。材质上以石、木为主，色彩主要是中性灰色、赭石色。

石过梁木框窗户　　带拱券窗户　　木质窗花

中性灰
赭石

（2）新建建筑

新建建筑多采用金属窗框玻璃窗，一部分老房在自行改造修缮中也使用新窗户。色彩有透明、墨绿、白色等。

金属窗框玻璃窗

透明 ▭
墨绿 ▮
白色 ▭

4）门

（1）传统建筑

传统建筑中，主要以素色的单开门为主，可见带拱券门。材质以木质为主，色彩为赭石色等。另外文化礼堂作为特殊公共建筑，为对开门，红色。

传统建筑开门样式

红色 ▮
赭石 ▮

（2）新建建筑

新建建筑多采用新防盗门,颜色鲜艳。材质以铝合金、玻璃为主,色彩上有红色、金色、银色等。

新建建筑开门样式

红色 ▮
金色 ▮
银色 ▮

5）重要建筑构件

（1）传统建筑

祠庙与文化礼堂均保留了传统建筑特征，采用木构的梁柱体系。

祠庙与文化礼堂内梁柱均有精美的雀替，祠庙的雀替未经修缮，仍是木料原色，文化礼堂内经过翻新，漆为红色绘制了图案。

祠庙与文化礼堂内的木柱均有石质柱础。

祠庙雀替　　祠庙内部　　祠庙柱础

文化礼堂雀替　　文化礼堂内部　　文化礼堂柱础

（2）新建建筑

新建村委建筑，正立面采用欧陆式建筑的元素，如阳台栏杆、柱头装饰等，风格有待协调。

新建村委柱头　　　　　　新建村委正立面

4. 环境设施

1）道路桥梁

滨河为村庄主路，临河界面开敞，混凝土铺地，高宽比小于1，可供车行。

其余道路混凝土铺地与石板路均有，路宽大小不一，由两侧建筑界面限定，高宽比基本大于1，路线变化丰富。

新建混凝土桥梁，形制简单，可供车行。

滨水主路　　　　村内小路

桥梁

2）景观设施

在滨河主路边，结合树木设置了一些木质长椅。

滨河主路在文化礼堂前设置了宣传栏，主体结构为木质。

长椅　　　　　　宣传栏

3）维护设施

垃圾桶外采用了木质外罩，与周围其他环境设施风格相统一。

沿河栏杆为混凝土材质，形式较简单，高度在1米左右。

垃圾桶　　　　　滨河栏杆

5. 小结

上郑乡三个村庄的风貌特色形成过程可按时间阶段划大致划分为新中国成立前的传统风貌、计划经济时期的近代风貌和改革开放以来的现代风貌三个阶段。

1）1949年前传统风貌

村庄中现存的1949年以前的传统建筑，有的保存良好，有一部分则缺乏修缮。传统建筑体现出对自然的协调与顺应。整体布置顺应地形与溪流；取材自然，如石块、木头等，色彩上较为灰暗，以材质本身的中性灰、赭石色为主；建筑层数在1~3层；建筑屋顶多为硬山顶，材质为黑色瓦片，建筑组合、整体轮廓与山体有较好的呼应。建筑前后出檐较多，形成建筑入口的过渡空间；建筑多以联排组合，出檐形成连续檐廊。但有较多老建筑已经破败空置，其中原来使用关系中的连续性已经丧失，尚在使用中的传统建筑也大多经过局部修缮、整改，整体风貌有待提升。

典型传统风貌

2）计划经济时期（1949—1980年）近代风貌

村庄中还存留一部分计划经济时期建筑，呈现较为明显的"兵营式"风格。体现在建筑平面、立面上的单元重复性，在村落中零星分布，与周围传统建筑相渗透。建筑材料多采用砖，以白色粉刷，局部构件使用木质，多经过油漆，也引入了新的要素如玻璃、铁栏杆等，屋顶仍为黑色瓦片的坡屋顶，建筑层数上略有增加，可见3~4层的建筑。其整体风貌与传统建筑较为协调。

典型近代风貌

3）改革开放以来（20世纪80年代中期至今）现代风貌

大多数村庄中占主导的仍是近年新建的建筑，与前两种建筑在风貌上有明显差异。新建建筑多采用砖墙并贴面砖，面砖色彩的饱和度、反光率都较高，出现以面砖拼贴花纹的墙面，屋顶也多用浅色彩色瓦片；铝合金门窗大量使用，窗墙比也更高，常见蓝色、绿色玻璃，建筑立面色彩统一性有待提升，与周围环境协调性有待提升。新建村民住宅的层数在3~4层为主；建筑轮廓上，由于出现了平屋顶、天台、坡屋顶的坡长更短，坡度更陡，天际线轮廓破碎，失去原有韵律以及对山体轮廓的回应。屋顶出檐变少，建筑门前过渡空间缺失。

典型现代风貌

6. 经验与不足

1）经验

（1）传统村落形态的延续

传统村落注重对于自然环境的回应，建筑布局顺应水系，与山体有机结合。由于农民新建住宅以渐进式的自修自建为主，村落整体格局得到较好的保留。现状大多数住宅建筑高度为3~4层，这样对村庄格局的延续有一定积极意义。

（2）传统街巷空间的保留

村庄内仍可见部分传统街巷关系，其两侧建筑限定感强，高宽比常大于1，同时富于变化，如高差、水系、曲折等，具有趣味性。在交通需求得到满足的情况下，这样的传统街巷空间具有一定的借鉴价值。

（3）传统建筑的更新再生

新老建筑更替的过程中，一部分老建筑得到了保存。例如坑口村中的文化礼堂、祠堂。将传统建筑改造、更新功能，形成空间较为灵活的公共建筑，这样的方法具有借鉴意义。

大溪坑村村口古树

2）不足

（1）新建建筑风貌缺乏协调

新建建筑由于技术、经济条件的变化，多采用砖、混凝土、金属、玻璃等新的材质，但色彩上出现彩度高、亮度高，反光率高的材料，与传统建筑风貌以及自然背景的协调性有待提高。另外采用欧陆式建筑元素，与周围环境风貌不协调。对传统建筑翻修的过程中，也常出现过度使用装饰、不协调部件等问题。

（2）空间层次减少

传统村落中的大家族关系如今已经逐渐消失，新的住宅形式愈发独立、封闭，导致开敞空间的减少，由公共向私密过渡的空间层次减少。而这些过渡空间，在如今的使用中仍具有价值，可承载村民们交往、休憩的需求，也是社会文化的空间载体。

（3）传统公共空间遗失

村庄的公共空间营造有待提升。村庄传统的公共空间被遗弃，例如具有标志性的古树、旧的村委、祠庙、水滨等。部分村庄有意识的营建了村庄的外部空间，却往往另起炉灶，使用效率不足。

大溪坑村街巷空间

9.6 宁溪镇

宁溪镇地处黄岩区西部，长潭水库上游，距黄岩城区 38 千米。其北与屿头乡，南与上洋乡、富山乡，西与上郑乡接壤，域镇面积 90 平方千米，其中镇区建成区面积 1.2 平方千米。总人口为 35 369 人。

本次调研的村庄是乌岩头村，包括新村、老村两部分。

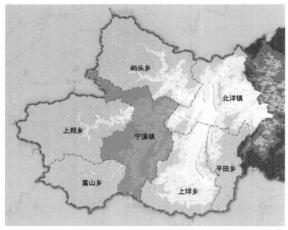

宁溪镇在长潭湖地区的区位

乌岩头村相对宁溪镇的区位
（资料来源：《台州市黄岩区村庄布点规划》）

9.6.1 宁溪镇乌岩头村

1. 村庄概况

乌岩头村距离宁溪镇 4.5 千米。村域面积 1.48 平方千米，村庄面积 9.24 公顷。总人口为 280 人。以农业为村庄主要产业。村庄分为西片老村和东片新村两个部分。老村保留有约 110 间的清代古建筑群。1949 年前，本村是通往仙居的必经之处，是黄仙古驿道重要节点之一。

乌岩头村村庄土地使用现状图

2. 整体营建特色

1）风格特征

（1）西片老村

西片老村始建于清代，整体格局形
成于清末民国初期。建筑形式是低层的
院落式民居。老村自然有机的村庄格局
在适应自然地形的同时，形成宅院之间
生动的流动空间。

老村建筑风貌　　　　　老村整体风貌

（2）东片新村

东片新村建设于20世纪80年代之后。
建筑形式以多层立地式住宅为主。采用行
列式布局。

新村建筑风貌　　　　　新村整体风貌

2）主体街巷空间

（1）西片老村

老村的点状空间包括滨水道路边的古
树和乌岩石、入口处的古桥。线状空间主
要有村庄道路、滨河的主街和鱼骨状的主
要巷道。面状空间包括村口的空地和民居
的主要内院空间。

点状空间　●
线状空间　◄┅┅►
面状空间　▬

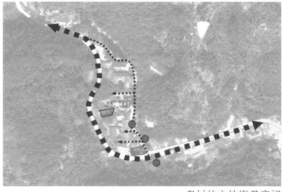

老村的主体街巷空间

（2）东片新村

新村的点状空间包括村委会和桥头空
间。线状空间主要包括村庄道路和一条北
侧的主要街道。面状空间包括新建住宅的
宅前空地和村委会旁边的健身场地。

点状空间　●
线状空间　◄┅┅►
面状空间　▬

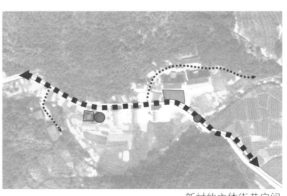

新村的主体街巷空间

（3）点状空间

老村的点状空间包括古树、乌岩石、古桥等。具有历史意义的点状空间主要集中在老村村口。

乌岩石　　　　　　　　　　　　　　古桥

新村的点状空间包括村委会、桥头空间等。村委是比较重要的点状空间，建筑形式朴素。村庄入口处的桥头空间处设有村庄标识。

村委会　　　　　　　　　　　　　　桥头空间

（4）线状空间

村庄道路铺设混凝土路面。道路等级底，车道宽度窄，建筑退界距离较短，无植被种植，人车混行不安全。

村庄道路

老村滨河的主街以土路面为主，两侧为鹅卵石铺面。道路平整度一般，雨天行走较为不便。界面完整统一。

老村主街

新村的主街路面为混凝土。道路宽度较窄，设有边沟，新建建筑无退界，无植被种植。

新村主街

（5）面状空间

老村的面状空间包括村口空地、内院等。面状空间有自然植被种植，场地几乎荒废，无人使用。

村口空地

新村的面状空间包括宅前空地、健身场地等。空地缺乏设施布置，利用率低。健身场地以泥地形式铺设。

宅前空地　　　　　　　　健身场地

3）天际线

（1）老村

老村的建筑高度保持一致，在建筑间穿插植被，形成与自然和谐统一的天际线。

老村的建筑天际线　　　　老村建筑与自然的关系

（2）新村

新村的建筑整体天际线较为整齐，但体块单一，缺乏变化。

新村的建筑天际线　　　　新村建筑与自然的关系

4）滨水空间

自然河道以自然堆石作为驳岸，植被自然生长，有乡村的野趣。以石阶的方式到达亲水石岸，利用溪石自然形成汀步。河道较宽的部分设置有溪石堆砌的亲水堤岸。亲水的方式与自然关系融洽，但有一定的危险性。

滨水空间　　　　　　　　驳岸

亲水堤岸　　　　　　　　溪石汀步

5）院落单元空间

（1）老村

老村以 2 层的院落式住宅为主。院落作为半公共空间形成邻里间相互交流的场所，同时使乡村的生产生活能够有机地结合。建筑质量难以满足现代化的使用需求。

老村的天井　　　　　老村的院落

（2）新村

新村以 3~4 层的联排式单体为主。部分有前院晒场，与公共空间没有清晰的界限。宅间空间缺少领域感，使用程度较低。建筑本身满足了以核心家庭为单元的社会结构需求，每户之间有明确的界限。

新村的联排住宅

3. 单体建筑特征

1）屋顶

（1）老村

屋顶形制统一，大多采用重檐悬山顶。材质采用传统泥瓦，色调为中性灰色。在使用上影响采光。保温隔热的性能较差。

中性灰　　　　

老村的屋顶

（2）新村

新村屋顶形式为硬山顶，少数采用重檐的形式，出檐较短。大多采用统一的蓝色屋顶，部分为砖红色和中性灰色。蓝色屋顶彩度稍高，个别明度高和反光度高的材质与整体风格欠协调。

湖蓝
砖红
中性灰

新村的屋顶

2）墙体

（1）老村

老村的外墙采用石、木或砖。色彩主
要以中性灰色、青灰色和赭石色为主。外
墙尺度适宜，界面具有一定的虚实变化。
自然材质的色彩与环境相互融合。

老村的墙面

中性灰
青灰
赭石

（2）新村

新村中建筑外墙面采用抹灰和水泥的
材质。色调基本统一，以中性灰和暖灰为
主。采用有一定的样式变化的外墙砖。联
排住宅面宽尺度过长，立面较为单一。

新村的墙面

中性灰
暖灰

3）门

（1）老村

老村的门以木质为主。入户大门大多
是双扇门，住宅为单扇门。含内院的住宅
多采用台门形式。与建筑整体风貌一致，
具有地方特色，但木门易腐，不耐火，密
封性较差。

老村的门

赭石

（2）新村

新村建筑的门主要为推拉门和平开门。采用铝合金和玻璃材质，具有轻质，密封性好，耐腐的特点。但样式单一，缺少地方特色。

新村的门

透明
金属色

4）窗
（1）老村

老村的窗框形式分为矩形和圆拱形。材质为木和瓦，形式主要为格栅窗，格栅形式多样，美观考究。但采光保温性能、实用性有待提升。

老村的窗

中性灰
赭石

（2）新村

新村的窗采用塑料、铝合金和玻璃材质的推拉窗。采光能力好，具有较好的保温隔热性能，简洁实用。但遮阳方式较不美观。南向窗户尺度较大。

新村的窗

透明
白色
金属色
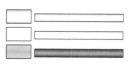

5）重要建筑构件

（1）老村

老村的建筑在一层的挑檐部分设置梁柱，由柱础、柱、斗拱、雀替等组成。起结构作用的同时增加立面的层次。木构梁柱注重艺术性，在雀替上使用传统的木雕工艺。

老村的梁柱

中性灰
赭石

（2）新村

新村的住宅建筑结构隐藏在建筑墙体之中，外观不再出现梁柱结构。

6）装饰构件

（1）老村

老村以景窗为典型的装饰构件，用瓦和黏土工艺形成装饰面。景窗打破了石墙的封闭性，形成虚实结合的边界，同时在视线上起到一定的引导作用。与建筑整体风貌相一致。

老村的装饰

中性灰

（2）新村

建筑装饰较少。

7）建筑技术

（1）老村

房屋以木构为主，以砖石木作为围护结构，围墙以叠石垒砌。建筑朝向依地形而变化。利用天井自然采光通风。南侧屋顶比北侧出檐多，用以减少南面的雨水和遮阳。庭院绿化改善小气候。

老村的木构建筑　　　老村的屋檐　　　老村的天井

（2）新村

选址于灾害不易发生的平坡地。房屋
以砖混结构为主。建筑朝向考虑房屋建造
土地使用的经济性，部分为东西朝向。采
用屋顶太阳能热水器，影响建筑风貌。空
调室外机布置影响建筑立面。

新村的太阳能设施　　　　新村的混凝土建筑

4. 设施环境

1）道路桥梁

道路设置有明显的行车标识。入口道
路标识缺少排布。边沟与道路缺少恰当的
衔接。

新村入口的桥梁采用梁式桥，以砖混
材料作为桥墩和梁架，桥面和栏杆采用混
凝土材质，样式简洁。老村的石拱桥建于
清朝嘉庆年间，但由于年久失修，目前仅
留了一个桥拱，失去功能。石拱桥周边疏
于打理，没有用文字标识其历史意义。

道路标识　　　　　　　道路边沟

入口桥梁　　　　　　　石拱桥

2）广场节点

（1）老村

老村的广场铺地主要采用天然卵石，
辅以石块，贴近自然。但场地久未整理，
杂草丛生，难以使用。

老村广场铺地　老村广场台阶　　老村广场现状

（2）新村

新村的宅前空地缺少绿化植被。公共
场地与私人领地缺少明确的边界。场地用
作零散停车，功能划分不明确。

新村宅前空地

3）维护系统

桥梁栏杆采用石材，形式简洁质朴。高度与尺度适宜。

道路护栏在色彩和高度上满足道路建设基本需要。

挡土墙用天然石材堆砌成直面墙或斜面墙，排水沟渠与自然水系相连。

电力维护设施设置在街巷入口处，没有任何遮挡。有碍村庄的整体风貌。

桥梁栏杆　　　　道路护栏　　　　挡土墙

电力维护设施　　　　　　　　电力维护设施

4）卫生设施

污水处理池位于村庄外围的农田之中，以植被覆盖，与自然较为融合。

垃圾桶仿传统建筑形式和色彩，整体较为协调。塑料垃圾桶置于道路两侧，有利于垃圾收集和村庄环境改善。色彩尚协调。但没有遮挡，不利于景观协调。

污水处理池

垃圾桶　　　　　　　　　　垃圾桶

5）绿化植被

（1）老村

老村的环境营造注重古树名木的保护。外部空间的绿化植被丰富。建筑与绿化植被相互结合较好。

老村的菜园　　　　　　　　老村的外部环境

（2）新村

新村植被稀少。院落形式采用大面积硬地，以树穴形式种植。缺乏道路绿化，道路与住宅之间没有适当的绿化隔离。建筑与外部自然环境相对分离。

新村道路绿化　　　　　　　新村广场绿化

5. 现状小结

宁溪镇乌岩头村在村庄发展过程中形成了西片老村和东片新村两个部分。由于不同的社会经济发展条件和时代需求，老村和新村呈现出了完全不同的村庄建设风貌，西片的老村始建于 300 年前，整体呈现传统风貌，而新村作为新的居民点主要建于改革开放之后，以现代风貌为主。

1）1949 年前传统风貌

村庄建设集中在西片的老村。村庄依水而建，以滨河道路作为老村的主街，以鱼骨状的巷道进入每家每户。建筑形式是传统的三合院和四合院，有公共的中堂用于祭拜，建筑有较为清晰的南北轴线。建筑结构为木结构，从梁柱和屋架中可以看到传统的建造工艺。建筑构件中窗格栅的形式多样，具有地方特色。基于当时的建造技术，村庄建设从建筑、院墙到铺地采用了泥瓦、青砖、溪石和木等材料。材料随时间的变化逐渐与整个自然环境浑然一体。随着陈氏家族的不断壮大，老村开始向南北方向扩展，整体的村庄格局在清末民国初时期基本形成。在建造时，不惜牺牲建筑朝向以适应丘陵的地形变化。在传统家族结构的影响下，外部空间具有一定的连续性和流动性，反映了旧时由血缘联系的睦邻关系。建筑为前院后屋的形式，并采用较高的围墙来界定各自领域的边界。院落作为半公共空间，形成邻里间相互交流的场所，同时也使乡村的生产生活能够有机地结合。建筑结构从最初的木结构逐步采用砖石木结构。在材料上沿用当地材料，围护结构也从木质转而采用更加坚固的砖墙。民国时期建造的建筑除了沿袭传统黄岩民居的特色外，逐渐开始中西合璧，尤其是建筑装饰开始融入西洋元素，出现了拱形的门窗。

2）计划经济时期（1949—1980 年）近代风貌

这一阶段随着社会变迁，老村的传统建筑不再能适应现代生活需求，老村的部分建筑运用现代材料进行了建筑构件上改建，主要在传统木格栅的基础上增加玻璃窗。大部分村民逐步外迁，老村的场地和建筑也逐步荒废。开始在东片区建设新的住宅。

3）改革开放以来（20 世纪 80 年代中期至今）现代风貌

改革开放后东片的新村成为村民新的聚居点，整体风貌和老村不同。建筑为多层的独栋式或联排式住宅，主要采用了砖混结构和现代材料。为了建房的经济性，建筑之间采用行列式布局。住宅有前院晒场，但与公共空间没有清晰的界定。宅间空间缺少领域感，使用程度较低。同一时期建造的联排住宅的建筑风貌较为统一，用统一的外墙面砖装饰，色彩多采用暖灰和中性灰。建筑采用了采光能力好、具有较好的保温隔热性能的玻璃窗户，较为简洁实用。独栋式住宅在材料和色彩选择上较为自由，采用了明度和彩度较高的材料，比如砖红色的琉璃瓦和湖蓝色装饰。另外，建筑单纯采用窗帘的遮阳方式使内部装饰外向化，影响立面的美观性，与整体村落的协调性有待提升。新村的公共活动主要围绕村委展开，但设施布置的实用性有待提高，比如健身场地以泥地形式铺设对舒适度有一定的影响，使用率有待提升。同时新村一些空地采用大面积硬地的形式，缺少植被种植和设施布置，没有营造出适宜且舒适的室外空间。

6. 经验与不足

1）经验

（1）老村的整体格局营造

老村的格局考虑了整体村落与环境的关系。老村对外的界面连续完整，并具有一定的防御性。村庄内部则注重营造公共空间，从建筑内部到外部，空间层次丰富，在宅院间形成了生动的流动空间。老村与外部自然环境相适应的同时，将绿化植被渗透入村庄院落之中，形成与自然良好的互动关系。

老村的整体格局

（2）传统建筑与街巷的关系

老村的传统建筑中采用柱廊、台门和过街楼等多种建筑语言，定义了从室内到室外不同的空间层次和领域。檐下空间不仅是室内的延续，同时对街巷而言也是一种可进入的提示，是促进邻里关系的场所。

（3）传统建筑的保护与利用

作为历史文化传承的载体，传统建筑具有重要的历史意义。在传统建筑废弃后，村庄开始着手功能转型，寻求在新的时代背景下传统建筑的新意义。老村村口的部分建筑通过现代手法进行了修缮与改造，在保留建筑原有历史风貌的基础上，通过屋顶改造、构件置换和室内布置等方式使之符合现代使用需求，实现了传统建筑的保护与再生。

老村房屋

2）不足

（1）住宅建筑与公共建筑的关系错位

新村中个别住宅建筑从体量上高于公共建筑，采用了明度和反光度较高的材料。新村村委在建筑形式上不具有地方风貌特色，采用欧陆风格柱式作为廊柱。同时，村委的建筑体量较小，没有结合村民活动形成一个具有吸引力的点状空间。

老村建筑与街巷的关系

（2）新式住宅建筑的风貌不协调

新的住宅建筑忽略了与周边建筑和街道的关系。新建的联排住宅长度过长，高度较高，使宅间尺度较大。部分建筑在色彩和材质的选取上较为突兀。建筑山墙紧贴道路，没有设置软性边界。

（3）设施布局影响村庄风貌

电力维护设施和环卫设施影响了整体的村庄美观性。电力维护设施布局在村委入口和街巷转角等显著的位置，有碍村庄的整体风貌。塑料垃圾桶置于道路两侧，有利于垃圾收集和村庄环境改善，但没有遮挡，不利于美观。

新村住宅建筑

新村公共建筑

新村建设风貌现状

9.7 北洋镇

北洋镇位于黄岩区中西部，永宁江上游，长潭水库东岸（水库二分之一在辖区内）。东界头陀镇和澄江街道，南接茅畲、平田两乡，西邻宁溪镇、屿头乡，北接临海市。

镇政府设在北洋镇区，距黄岩城区16千米。下辖2个居委会，33个行政村，总人口为33 460人。

本次调研的村庄为潮济村。

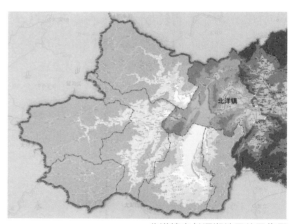
北洋镇在长潭湖地区的区位图

9.7.1 北洋镇潮济村

1. 村庄概况

潮济村距北洋镇政府约 4 千米。村庄建设面积约 23 公顷。人口为 1170 人。主要产业有农业、旅游业、服务业。

潮济村如今仍保有较为完好的木构、清水砖等传统民居。建筑从清朝、民国，到 1949 年后，各时期的建筑都有，样式丰富。传统建筑主要沿潮济街分布，形成古味很浓的村庄主要街巷空间。同时，村庄水网发达，沿河而建的民居与码头空间仍能映射当年繁华的景象，水乡意境浓厚。

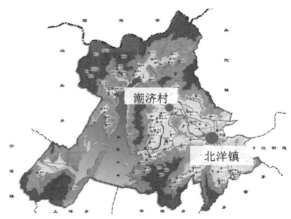

潮济村在北洋镇的区位图
（资料来源：台州市黄岩区村庄布点规划）

潮济村卫星云图
（资料来源：百度地图）

2. 整体营建特色

1）风格特征

村庄的建筑最早的可以追溯到清末年间，同时也有民国初期、解放初期及改革开放后各时期的建筑，风格类型丰富。

传统建筑以木构、石材为主，多为 2 层，沿街巷呈院落式布局，多为重檐坡屋顶形式，主要集中于村庄东南侧。新建筑主要集中于村庄西北侧，以排列式的混凝土建筑为主。

村庄以南北向的河道为线，形成了东南侧以传统建筑风貌为主，西北侧以现代建筑风貌为主的格局。河道水网形成整个村庄的骨架，水乡意味十足。

整体风貌   潮济街

传统建筑风貌   新建街巷风貌   新建建筑风貌

2）主体街巷空间

（1）老村

村庄内传统的主体街巷空间中，点状空间有古树、古桥、文化礼堂、村委会、图书馆等；线状空间有河道、主要步道等；面状空间有水塘、潮济街入口广场、老码头口岸等。

点状空间　●
线状空间　◀▪▪▪▪▶
面状空间　▬▬

老村主体街巷空间结构

（2）新村

村庄现代的主体街巷空间中，点状空间有商店、桥等；线状空间有道路；面状空间有停车场、村入口广场、小学等。

点状空间　●
线状空间　◀▪▪▪▪▶
面状空间　▬▬

新村主体街巷空间结构

（3）点状空间

老村内，包括古树、古桥、文化展览馆、村委会、图书馆等的点状空间主要沿着潮济街分布。

村中有上百年的樟树、槐树等，其中一棵百年樟树被移栽至潮济街入口处东侧的小园子里，较为隐蔽。

村内的文化展览馆由一栋传统的木构建筑改造而成。

古树　　　　　文化展览馆

新村内的点状空间主要以桥、商店、警务室等元素为主。

桥梁主要以满足现代交通功能需求为主，以钢筋、混凝土材质为主。

商店以住宅一层空间为主，出售日常生活用品。

警务室位于村入口处，一层小砖房，并配有明显的警务标示。

商店　　　　　警务室　　　　桥

（4）线状空间

老村传统线状空间主要由潮济街及环村小溪组成

潮济街是村庄最有特色的一条古街，是早期村庄商业活动的主要空间。如今，潮济街仍保存原有的格局，街道两旁是各时期的二层砖瓦、木构建筑。铺地有一段由河石铺成、其余水泥路铺成，水泥地显得生硬，破坏了原有的风貌。街道宽约 3.5 米。

环村小溪的河道大体上保存原有格局，宽度 5~10 米不等。

新村的新修道路主要以车辆通行为主，路面 6~10 米不等，主要分布于村庄西部。道路以水泥地为主。

河道 2

潮济街

河道 1　　　　　　　新修道路

潮济村内传统街巷空间

（5）面状空间

老村的传统面状空间主要以水塘、潮济街入口广场、老码头为主，分布在村庄西侧。

部分地段因河道开阔形成水塘，与周边建筑相互辉映，融为一体。

潮济街入口广场借用传统农家元素，试图塑造乡土氛围浓郁的公共空间。然而元素与操作手法过于琐碎。

老码头口岸为原有的码头，仍保有原有风貌格局。如今码头荒废，加上区位偏僻，少有游人前往。

新村的面状空间有停车场、村入口广场、小学等。

停车场位于潮济街入口东侧，水泥铺地。

村入口广场位于 82 省道南侧，经过针对性的设计修建。整个广场采用现代艺术表现手法，尤其是以钢柱为主的雕塑设计，非常显眼。

小学服务本村，位于潮济街入口处东侧，主体建筑是 2 层混凝土的楼房，三合院式布局。

潮济街入口广场　　　村口游客休憩广场

3）天际线

村庄西侧以传统木构、清水砖建筑为主，大部分两层左右。建筑以硬山顶为主，沿着街巷布置，界面较为统一，与周边山水环境融为一体。

新建建筑位于西北侧，以 3~4 层的混凝土建筑为主，平、坡屋顶皆有。因住宅统一修建，空间较为均质化，缺乏变化。

村入口广场　　　　　村小学

村落周边的自然环境

新建建筑与山脊线的关系　　传统建筑与山脊线的关系

4）滨水空间

村内桥梁以现代水泥钢筋桥梁为主。

亲水设施主要为码头、亲水平台，但
水质较差，亲水设施不多。多满足居民日
常生活需要，缺乏游憩型的亲水设施。

传统河岸码头　　　居民生活型亲水平台

5）院落单元空间

（1）传统建筑

传统建筑以 2 层的联排、院落式、独
栋式住宅为主。

院落作为半公共空间，形成邻里间相
互交流的场所，同时使乡村的生产生活能
够有机地结合。因地形限制，也有许多住
宅独栋布置，多配以小院子等半开放空间。

传统联排单元空间　传统独栋单元空间

（2）新建建筑

新建建筑以 2~4 层混凝土、清水砖建
筑为主，多为联排式，部分为独栋，或配
以小院子，集中于村庄西北侧。建筑形式
以现代生活功能为基础。

新建住宅空间

3. 单体建筑特征

1）屋顶

（1）传统建筑

传统建筑屋顶以坡屋顶为主，屋面小
青瓦，较为统一。但采光、保温隔热的性
能有待提升。

中性灰

传统建筑屋顶

（2）新建建筑

新建建筑以平屋顶为主，有女儿墙、护栏等设施。材质有琉璃瓦、混凝土等。

新建建筑屋顶

中性灰

2）墙体

（1）传统建筑

传统建筑墙面材质就地取材，以本地的灰色石头、青石、木材、竹子为主。色彩有灰色、青灰、赭石色等。许多构建画有图腾，形式多样，立面丰富。

传统建筑墙面

中性灰
青灰
赭石

（2）新建建筑

新建建筑因建设年限不一，用材种类多。材质有抹灰、水泥、面砖、防水涂料等。色彩较繁杂，有蓝色、灰色、暖灰色等，与村庄基底色彩的协调性有待提升。墙面形式较为单一。

新建建筑墙面

浅蓝
中性灰
暖灰

3）门

（1）传统建筑

传统建筑住宅入户大门大多是双扇门，也有单扇门。材质以木材为主。街巷的入口门廊，多以砖石材修筑而成，圆拱形为主。

传统建筑的门，艺术元素多，与建筑整体风貌一致，具有地方特色。

传统建筑的门

中性灰
赭石

（2）新建建筑

新建建筑门的样式不一，有推拉门和平开门、卷闸门等，以安全、防盗、方便为目的，样式有待完善。材质有木、铝合金、玻璃等。

新建建筑的门

金属色
中性灰
白色

4）窗

（1）传统建筑

传统建筑的窗框有正方形与矩形，窗条有简单条形、圆形，也有传统花纹式窗条，形式多样；开窗形式有双开式、全开式及封闭式。石材房以矩形窗框为主；窗花有竖式圆形木条、清水砖砌成的几何图案等；开窗形式有双开式、全开式等。窗的采光保温性能较差。

传统建筑的木、石窗

中性灰
赭石

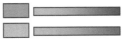

（2）新建建筑

新建建筑中可见现代建筑矩形窗框、欧式与仿古式做法。材质有塑料、铝合金、玻璃、木质、铁等。

新建建筑的窗

褐色
白色
金属色

5）重要建筑构件

（1）传统建筑

传统建筑梁柱的形式、规模依建筑形式与主人身份而定，斗拱、雀替的样式，图案丰富，有一定艺术价值。材料以木、石为主。

传统建筑梁柱

中性灰
赭石

（2）新建建筑

新建建筑结构隐藏在建筑墙体之中。材质为钢筋混凝土、砖等。

中性灰
白色

新建建筑梁柱

6）装饰构件

（1）传统建筑

传统建筑装饰构件以景窗、匾额、灯饰等为典型形式。采用砖、木材等材质。传统的装饰物主要是一些小物件，有一定的艺术性，多体现居民日常生活氛围，与建筑环境融为一体。

灯饰与匾额

中性灰
赭石

（2）新建建筑

新建建筑的装饰主要有护栏、灯饰、雨棚、空调架等，多以功能需求为主。元素内容较多，形式有待完善。

雨棚　　　　　　栏杆

7）建筑技术

（1）传统建筑

传统建筑的选址首选交通区位较好，靠近河道、又不易被水淹的地区，房屋以梁柱结构为主，以砖石、木、竹等作为维护材料，形成传统的木工艺、石塑工艺。围墙以叠石垒砌、木篱笆、植物栽种等组成，建筑沿街而修，朝向因街道走向而定，以南向、东西向较多。

传统木构建造技术

（2）新建建筑

新建建筑的选址地形限制小，交通区位优先。多为砖混、框架结构形式。护栏多以水泥柱式为主，围墙、堡坎多以水泥浇筑而成。考虑房屋建造的经济性与功能性，主要以南向为主，部分东西朝向。

现代混凝土等建造技术

8）建筑节能

（1）传统建筑

传统建筑利用天井、连廊等设计技巧采光通风，实现小气候的微循环。但室内潮湿，采光、通风有待完善。

传统建筑空间

（2）新建建筑

新建建筑充分考虑采光、通风等需求，大面积开窗。墙体厚实，隔热保温效果较好。多数家庭安装空调帮助调节温度。

新建建筑空间

4. 设施环境

1）道路广场设施

因旅游发展，村庄设置有明显的道路标识与地图指示牌。

村落的广场节点空间以潮济街入口广场、村入口广场最为突出。两广场都是因美丽乡村建设刚新建而成。村入口广场配有雕塑、仿古门等小品景观；潮济街入口广场配有木凉亭、围墙、表现农家文化的饰物等小品。文化礼堂、文化展览官等公共空间也形成围合式的小院子，多配以休憩座椅、小品景观等。

道路导向牌　　　　文物标示牌

潮济街入口广场　　　入口处广场节点

2）维护设施

桥梁栏杆采用石材、混凝土等材质，形式简洁质朴。

围墙与挡土墙多采用天然石材、清水砖砌筑成直面墙或斜面墙，样式丰富。

桥梁栏杆　　　　挡土墙

高围墙　　　　　　矮围墙

3）卫生设施

村内垃圾收集以活动式、蓝色塑料垃圾箱为主，颜色显眼。

排水方式以传统明沟渠为主，使用方便，成本低。多以砖块、水泥砌成。

公共厕所配合公共建筑与公共活动场所修建。木质材料，蓝色门。位置隐蔽，但是颜色鲜艳突出。

垃圾桶　　　　　　　污水处理池

公共厕所

4）绿化植被

村庄绿化多以本地树种为主，尤其是常见性的瓜果花草成为村落的主要绿色元素。植物搭配讲究高低错落。

周边以菜园田地为主，远处有群山，形成层次分明的景观空间。

住宅旁边绿化　　　　　院子景观绿化植被

村庄周边荒草　　　　　农家田园植被

5. 现状小结

经过多年的发展，潮济村形成了村东南区块以传统建筑风貌为主，村西北区块以现代建筑风貌为主的格局。因种种原因，村庄没有得到有效的统一规划建设，如今村庄风貌有待完善。通过调研，对潮济村村庄风貌的形成分为了以下三个阶段。

1）1949 年前传统风貌

清朝年间，潮济村作为水上交通要塞，村庄蓬勃发展，形成了依托河道而建、而居的空间格局。经过多年修建成群，并形成了以传统商业为主的街巷空间。从保存较好的潮济老街仍能窥见出当年的繁华景象。

潮济老街呈南北走向，南起三官坛，北至止江亭，老街长约 260 米，街面宽 3.5 米左右。如今，主街建筑基本为民国初期老屋。总体来说，潮济老街两侧保留的建筑多以清末民初年间的建筑为主。建筑以木构、清水砖等材质为主，两层、坡屋顶，高 6~7 米。沿街一侧多设商铺店面，内侧形成院落式的生活性空间，分工明确。

2）计划经济时期（1949—1980年）近代风貌

1949年以后，受计划经济影响，潮济村也进入了集体经济时代，传统的商业贸易、水上运输产业受到影响，乡村建设发展缓慢。

该时期的建筑主要以村委会、部分民居为代表。受建造技术与资金等影响，建筑主要以砖混结构为主，2层、坡屋顶，分布于村庄的东西两侧。该时期的建筑形式多延续了早期建筑的风格，青灰色的石材与传统木材色彩形成呼应，屋前廊道是传统回廊的延续，青瓦坡屋顶是传统的继承。木质与砖混建筑较好融合。

3）改革开放以来（20世纪80年代中期至今）现代风貌

改革开放后，潮济村迎来村庄建设的大变革时期。伴随居民收入提高、家庭住房改造新建需求旺盛，许多居民选择重新修建住房，这时期的建设主要集中在土地资源更为优越的村庄西北侧。建筑主要以钢筋混凝土结构为主，3~4层，平坡屋顶结合，外墙贴防水面砖，色彩鲜艳，空间布局多以现代生活功能需求为导向。

因居民建房的自主性大，且相互间攀比，导致新建建筑各自为政，部分乱搭乱建，破坏了村庄的整体风貌。

6. 经验与不足

1）经验

（1）潮济村历史较悠久，建筑文化内涵丰富

历史上作为黄岩水陆联运枢纽之地，商贸发达，村庄建设繁荣。如今形成以潮济老街为主，形成民国时期建筑风貌格局，建筑基本框架保存较完整，雕梁画栋，具有较高的地方建筑装饰艺术价值。

（2）传统建筑风貌良好

村庄东南区块以传统建筑风貌为主，多以2层的木构、清水砖等建筑组成，建筑类型多样、空间形态丰富。但因传统建筑的功能难以适合现代生活需求，故而呈现衰败态势。

2）不足

（1）现代建筑风貌单调

现代建筑风貌以3~4层混凝土建筑组成，多以行列式布局，其建筑功能适合现代生活需求，但其建筑样式单一、空间格局有待完善。

（2）传统建筑保护活化手段不足，新建建筑管控乏力

传统建筑因年久失修，无人居住，许多建筑已开始腐坏，建筑文化价值流失，亟待有效更新活化。新建建筑多各自发挥，自由乱搭乱建，破坏了村庄的整体风貌，有待整治。

附录　黄岩区村庄风貌导则调研过程照片

2015 年 8 月，同济大学师生团队调研黄岩区西部山区乡镇村庄建设风貌时，与当地乡镇干部访谈

2015 年 8 月，调研小组开展村庄风貌村民问卷调查

2015 年 8 月，同济大学师生团队"美丽乡村"暑期实践工作营开展黄岩区村庄风貌调研工作，与台州市黄岩区农办、屿头乡党委政府干部在屿头乡沙滩村工作室前合影留念

同济大学杨贵庆教授（右）与黄岩区当地乡镇干部进行问卷访谈

调研小组在村委会开展村民问卷访谈

同济大学杨贵庆教授（中）带领师生与黄岩区当地乡镇干部讨论村庄风貌调研工作

调研人员与当地乡镇干部访谈交流

2015 年 8 月，调研小组走访黄岩区平田乡桐外岙村民委员会

调研小组在黄岩区西部乡镇的村庄内调研走访

调研小组在黄岩区西部乡镇开展调研途中

调研小组手持问卷入户访谈村民

调研小组与黄岩区当地乡镇干部访谈村庄风貌管理

调研小组师生在黄岩区西部乡镇开展村庄风貌调研途中

主要参考文献

[1]   蔡晓丰 . 城市风貌解析与控制 [M]. 北京：中国建筑工业出版社，2005.

[2]   池译宽 . 城市风貌设计 [M]. 天津：郝慎钧，译 . 天津大学出版社，1989.

[3]   戴冬晖，金广君 . 城市设计导则的再认识 [J]. 城市建筑，2009：106–108.

[4]   董向平 . 基于"山水城市"视域下的城市景观风貌规划研究 [D]. 河北农业大学，2013.

[5]   段德罡，姚博，王瑾 . 基于理性思辨的震后村庄风貌整治规划研究——以岷县红星村为例 [C]//
       城乡治理与规划改革——2014 中国城市规划年会论文集（14 小城镇与农村规划）. 北京：
       中国建筑工业出版社，2014：1323–1332.

[6]   范少言 . 乡村聚落空间结构的演变机制 [J]. 西北大学学报（自然科学版）.1994（4）：295–
       298.

[7]   冯建喜，汤爽爽，罗震东 . 法国乡村建设政策与实践——以法兰西岛大区为例 [J]. 乡村规划
       建设，2013（1）：115–126.

[8]   高源 . 美国城市设计导则探讨及对中国的启示 [J]. 城市规划，2007，31（4）：48–52.

[9]   郭艳军，刘彦随，李裕瑞 . 农村内生式发展机理与实证分析——以北京市顺义区北郎中村
       为例 [J]. 经济地理，2012，32（9）：114–119.

[10]   宫本宪一 . 环境经济学 [M]. 朴玉，译 . 北京：三联书店，2004：327–337.

[11]   金其铭 . 中国农村聚落地理 [M]. 南京：江苏科学技术出版社，1989.

[12]   李秋香 . 中国村居 [M]. 天津：百花文艺出版社，2002

[13]   林然 . 福建民间信仰建筑及其古戏台研究 [D]. 华侨大学，2007.

[14]   林若琪，蔡运龙 . 转型期乡村多功能性及景观重塑 [J]. 人文地理 .2012（2）：45–49.

[15]   龙花楼，李婷婷，邹健 . 我国乡村转型发展动力机制与优化对策的典型分析 [J]. 经济地理，
       2011，31（12）：2080–2085.

[16]   聂梦遥，杨贵庆 . 德国农村住区更新实践的规划启示 [J]. 上海城市规划，2013（5）：81–
       87.

[17]   卢端芳 . 欲望的教育：公社设计、乌托邦与第三世界现代主义 [J]. 时代建筑 .2007（5）：
       22–27.

[18]   彭一刚 . 传统村镇聚落景观分析 [M]. 北京：中国建筑工业出版社，1992.

[19]   彭远翔 . 山水园林城市规划的思考 [J]. 重庆建筑，2002（2）：11–13.

[20]   石楠 . 上海郊区特色风貌三题 [J]. 上海城市规划，2006（3）：1–2.

[21]   王刚，单晓刚，罗国彪，等 . 贵州省村庄风貌规划指引思路与策略 [J]. 规划师，2014（9）：
       100–105.

[22]   王勇，李广斌 . 苏南乡村聚落功能三次转型及其空间形态重构——以苏州为例 [J]. 城市规

划 .2011（7）：54–60.

[23] 王文卿 . 民居调查的启迪 [J]. 建筑学报，1990（4）：56–58

[24] 王竹，王韬 . 浙江乡村风貌与空间营建导则研究 [J]. 华中建筑，2014（9）：94–98.

[25] 王志刚，黄棋 . 内生式发展模式的演进过程——一个跨学科的研究述评 [J]. 教学与研究，2009，57（3）：72–76.

[26] 王祯，杨贵庆 . 培育乡村内生发展动力的实践及经验启示——以德国巴登 – 符腾堡州 Achkarren 村为例 [J]. 上海城市规划，2017（1）：108–114.

[27] 向延平，林彰平 . 区域内生发展：基于地理学家的视角和解释 [J]. 经济地理，2013，33（4）：36–39.

[28] 西川润，林燕平 . 内发式发展的理论与政策 [J]. 宁夏社会科学，2004（5）：23–28.

[29] 杨贵庆 . 我国传统聚落空间整体性特征及其社会学意义 [J]. 同济大学学报（社会科学版），2014，25（3）：60–68.

[30] 杨贵庆，蔡一凡 . 传统村落总体布局的自然智慧和社会语义 [J]. 上海城市规划，2016（4）：9–16.

[31] 杨贵庆，戴庭曦，王祯，等 . 社会变迁视角下历史文化村落再生的若干思考 [J]. 城市规划学刊，2016（3）：45–54.

[32] 杨贵庆，王祯 . 传统村落风貌特征的物质要素及构成方式解析 [J]. 城乡规划，2018（1）：24–32

[33] 杨贵庆 . 乡村中国——农村住区调研报告 2010[M]. 上海：同济大学出版社，2011.

[34] 杨贵庆 . 农村社区——规划标准与图样研究 [M]. 北京：中国建筑工业出版社，2012.

[35] 杨贵庆，等 . 黄岩实践——美丽乡村规划建设探索 [M]. 上海：同济大学出版社，2015.

[36] 杨贵庆，等 . 乌岩古村——黄岩历史文化村落再生 [M]. 上海：同济大学出版社，2016.

[37] 袁南华 . 探索用城市设计方法解读城市景观风貌规划 [J]. 中外建筑，2009（9）：105–106.

[38] 赵和生 . 城市规划与城市发展 [M]. 南京：东南大学出版社，2011.

[39] 张弘，凌永丽，付岩，等 . 传统农村风貌在新时代的适应性及其完善与提升——以上海市金山地区为例 [J]. 上海城市规划，2008（S1）：137–142.

[40] 张环宙，黄超超，周永广，等 . 内生式发展模式研究综述 [J]. 浙江大学学报（人文社会科学版），2007，37（2）：61–68.

[41] 张继刚 . 二十一世纪中国城市风貌探 [J]. 华中建筑，2000，18（2）：81–85.

[42] 国家新型城镇化规划（2014—2020 年）[Z]. 中华人民共和国国务院公报 .2014（9）：4–32.

[43] 中共中央、国务院关于深入推进农业供给侧结构性改革加快培育农业农村发展新动能的若干意见 [Z].2017.

[44] 中国大百科全书总编辑委员会 . 中国大百科全书：社会学 [M]. 2 版 . 北京：中国大百科全书出版社，2009：474.

[45] 美丽乡村建设指南（GB/T 32000—2015）[S].2015.

[46] 浙江省美丽乡村建设行动计划（2011—2015 年）[Z].2010

[47] 浙江省住房与城乡建设厅．浙江省村庄设计导则（2015）[EB/OL].2015.

[48] 浙江省住房与城乡建设厅．浙江省村庄规划编制导则（2015）[EB/OL].

[49] 浙江省安吉县．建设"中国美丽乡村"行动纲要 [Z].2008.

[50] 中共台州市委办公室．台州市美丽乡村建设实施意见 [Z].2012.

[51] 中共台州市黄岩区委，黄岩区人民政府．黄岩区美丽乡村建设实施意见 [Z].2012.

[52] American Planning Association.Planning and Urban Desing Standards [M].New York： John Wiley & Sons，2006.

[53] Malburg-Graf B，Gothe K，Meinerling D，et al. Die Zukunft liegt innen：Schwerpunkt-themen der Innenentwicklung in MELAP PLUS[J]，Gemeindetag Baden-Württemberg，2013（9）：322-329.

[54] Barnett J. Urban design as public policy： practical methods for improving cities[M]. [s.l.]： Architectural Record Books，1974.

[55] Garofoli G. Local development in Europe theoretical models and international comparisons[J]. European Urban and Regional Studies，2002，9（3）：228-229.

[56] Born M，Denkmalpflege und Dorferneuerung[J].Bayerisches Landesamtes für Denkmalpflege，1999：90.

[57] Ray C. Towards a Meta-Framework of Endogenous Development： Repertoires，Paths，Democracy and Rights[J]. Sociologia Ruralis，1999，39（4）：522-537.

[58] Ray C. Neo-endogenous Rural Development in the EU［M］//Cloke P，Marsden T，Mooney P H. Handbook of Rural Studies. London： SAGE Publications Ltd，2006：278-291.

[59] Van Der Ploeg J D，Long A. Born from Within： Practice and Perspectives of Endogenous Rural Development［M］. Assen，the Netherlands： Uitgeverij Van Gorcum，1994：1-6.

[60] North Ayrshire Council（村庄发展设计导则）[EB/oL]. [2009-06-23]. https：//www. north-ayrshire.gov.uk/Documents/CorporateServices/LegalProtective/LocalDevelopmentPlan/ RuralDesignGuidance.pdf

[61] Mayo County Council （村庄住宅设计导则）[EB/oL]. [2009-06-23]. https：//www.mayo.ie/ planning/developmentplanslocalareaplansandstrategies/mayocountydevelopmentplan/plan2008- 2014incorporatingallvariations/pdffile，7801，en.pdf

[62] Rural development in Bavaria Action program Dorf vital（巴伐利亚乡村发展的重要行动纲领） [EB/oL]. [YYYY-MM-DD]. https：//www.yumpu.com/de/document/read/4930697/leitlinien-zum- bauen-in-der-dorferneuerung-landliche-

后　记

　　本书的雏形是 2016 年 6 月 2 日在浙江省台州市黄岩区召开的"全省历史文化村落保护利用工作现场会"之前形成的。在此项风貌调研工作基础上编辑成册的《黄岩村庄建设风貌控制设计技术导则探索》作为会议材料发给与会者。调研涉及了黄岩区西部 12 个有代表性的村庄，分别涵盖了不同的乡镇区域，新旧不同的建设风貌类型。结合 800 余张现场照片和 2 万字的调研报告，详实地记录了黄岩区长潭湖地区村庄建设风貌的一个完整切片，并在此基础上，提出了一整套比较实用的风貌建设指导和管控建议。

　　这本会议材料受到了与会者很大欢迎。会议之后，浙江省内许多县市区又纷纷向黄岩区农办提出需求，导致该会议材料供不应求，又加印了不少。之后也曾有一位规划师告诉我说他们当地的设计室几乎人手一册。看来，这本册子发挥了一点作用。于是就有了正式出版它的想法，使它发挥更广泛的价值。但是由于种种原因，经历了 4 年，仍然未能付诸实施，可见要出版一本书需要多大的勇气和毅力！

　　转眼就到了 2020 年，全国决战决胜脱贫攻坚之后，将全面对接乡村振兴。各地将全面深入推进实施乡村振兴战略，美丽乡村建设急需科学技术指导。其中，对于村庄建设的风貌指导将发挥重要作用。虽然个别村庄规模不大，但是从全国整体上来说，村庄建设和改造量大面广，如果没有有效的风貌建设指导和管控措施，那么，其结果不堪设想。科学认识村庄建设风貌特征、积极把握村庄传统文化特色、合理开展村庄环境有机更新，是关乎乡村优秀文化传承和承载乡愁的重要内涵。因此，下决心正式出版此书，为全国各地以县市区为单元开展村庄建设风貌导则的编制工作提供黄岩的做法和样式，将有助于因地制宜、总结凝练、分类指导，从而积极推进美丽乡村建设的伟大工程。于是，课题组又历经了大半年时间的整理提升，终于完成了今天的书稿。

　　在本书即将付梓出版之际，作为课题组负责人，我怀着感恩的心，谨代表撰写组成员衷心感谢使得本书出版变为现实的各界人士！

　　首先，衷心感谢同济大学党委和学校有关领导的关心指导！本书作为"同济大学新农村发展研究院"的课题、"同济－黄岩乡村振兴学院教程读本"，一直以来得到了学校领导的大力支持！2018 年 2 月 6 日，学校党委方守恩书记亲赴浙江省台州市黄岩区揭牌成立"同济－黄岩乡村振兴学院"，向社会宣告了高校全力投身实施乡村振兴战略的决心和行动！

　　同时，要诚挚感谢提供同济大学"美丽乡村"规划教学实践平台的浙江省台州市黄岩区区委、区政府和有关职能部门的大力支持！从 2013 年成立"同济大学黄岩美丽乡村规划教学实践基地"至今，黄岩区委、区政府给予了同济师生开展美丽乡村建设的基地，提供了实施乡村振兴战略的舞台。同济师生团队积极作为，探索和开拓台州黄岩乡村振兴的理论和实践道路，把论文书写在祖国的大地上！

特别还要感谢为本次村庄建设风貌实地调研提供直接支持和帮助的黄岩区5乡2镇的地方干部和群众！由于从2015年8月实施调研至今已经历了5年多时间，大多数原始记录的人名对应的职务也许已不符合现在的情况，但作为一个过程的切片，我仍然希望能够记录下来一些细节：感谢屿头乡王欣东（时任乡党委书记）、陈康（时任乡长），平田乡徐仙华（时任副乡长），上垟乡傅万计、陈伟燕（时任城建办主任），上郑乡吴敏、郑华全（时任工办主任），富山乡何晔（时任乡党委书记），宁溪镇胡鸥（时任镇长），北洋镇徐志海、陈副镇长等。对于未能记录或记全的干部群众，请各位予以谅解！向各位致以诚挚的谢意！

感谢同济大学建筑与城市规划学院党委和学院领导的大力支持！感谢我所在的学院城市规划系同事们的热情鼓励！

要感谢同济大学出版社江岱副总编、荆华编辑，为本书的出版给予了积极支持。

由于种种原因，在这里可能并未列全应该感谢的对本课题调研实践和本书出版给予支持帮助的各界人士，对有所遗漏或标注不准确的，作者表示诚挚的歉意！

由于工作上和认识上的不足，对于书中的不妥甚至错误之处，望读者不吝批评指正。

同济大学建筑与城市规划学院，教授、博士生导师

同济大学新农村发展研究院中德乡村人居环境规划联合研究中心主任

教育部高等学校城乡规划专业教学指导分委会委员

中国城市规划学会"山地城乡规划学术委员会"副主任委员

2020年9月30日